문과생들도 알아야 할

최소한의 물리 공부

노무라 야스노리 지음 | 김소영 옮김 | 이기진 감수

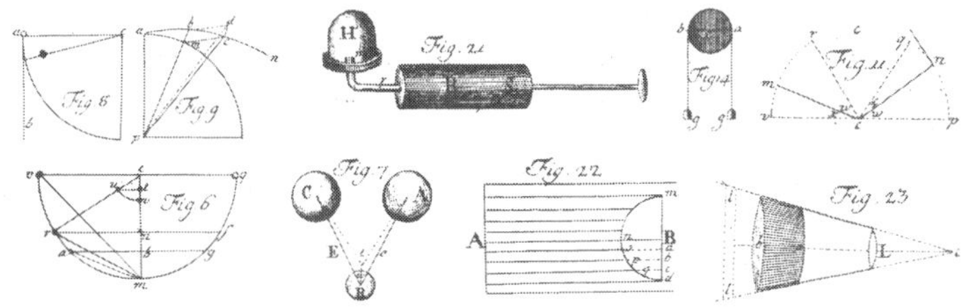

● 사물의 본질을 새롭게 바라보는 지적 탐험 ●

 북스힐

세상을 더 또렷하게 보기 위한 물리학 첫걸음

이 책은 핵심 키워드인 '중력'을 중심으로 '뉴턴 역학'부터 '상대성 이론', 더 나아가 '양자역학'에 이르기까지 두루 살펴보며 '운동, 시간, 우주'의 구조에 다가가는 지적 탐구의 여행으로 여러분을 안내합니다. 물리학의 역사 속에서 '중력은 왜 존재할까?'라는 질문은 매우 중요한 자리를 차지해왔습니다. 수많은 물리학자가 이 물음에 뛰어들어 자연계의 기본 법칙과 우주의 구조를 밝혀내왔지요.

17세기에 아이작 뉴턴이 발견한 만유인력의 법칙은 중력이 모든 물체에 작용하는 보편적인 힘이며, 이 힘이 물체의 질량에 비례하고 거리의 제곱에 반비례한다는 사실을 보여주었습니다. 이 법칙은 지구상에 존재하는 물체의 운동을 비롯하여 행성의 궤도까지 설명해낼 수 있는 매우 획기적인 발견이었지요.

시간이 흘러 20세기 초, 알베르트 아인슈타인은 상대성 이론을 통해 시간과 공간이 일그러지는 현상으로 중력을 설명했습니다. 물질이 시공간을 일그러뜨리고, 그 일그러짐이 중력으로 나타난다는 이 이론은 뉴턴 역학으로 설명할 수 없었던 여러 현상을 밝혀내어 블랙홀이나 우주의 팽창 같은 새로운 우주의 모습을 보여주었습니다.

게다가 양자역학의 발전으로 미시 세계의 법칙은 점점 더 뚜렷해졌습니다. 그러나 중력과 양자역학을 아우르는 통일 이론은 아직 완전히 밝혀지지 않았습니다. 중력을 포함하는 양자 중력 이론의 확립은 현대 물리학의 가장 큰 과제 중 하나입니다.

이처럼 중력에 대한 이해는 물리학 전체의 발전에서 꾸준히 중심 주제였습니다.

중력은 우주의 거대한 구조와 그 진화를 이해할 때 열쇠가 되기도 합니다. 은하의 형성, 항성의 진화, 우주의 팽창까지, 중력은 이 모든 현상에 깊이 관여합니다. 빅뱅에서 시작해 현재에 이르기까지, 우주의 역사를 이해하려면 중력의 작용 원리를 정확히 알아야 합니다. 나아가 중력파 관측과 같은 새로운 기술은 물리학의 지평을 계속해서 넓혀가고 있습니다.

'물리학'이라는 말이 사용되기 시작한 것은 불과 수백 년 전으로, 시대와 함께 변화하면서 발전해왔습니다.

현재의 물리학은 크게 '고전 물리학'과 '현대 물리학'으로 나눌 수 있습니다. 고전 물리학은 17세기부터 20세기 초반에 걸쳐 확립된 학문으로, '뉴턴 역학'과 '상대성 이론'이 핵심을 이룹니다. 예를 들어 로켓의 궤도는 뉴턴 역학과 상대성 이론 덕분에 예측할 수 있지요.

한편, 현대 물리학은 20세기 들어 등장한 '양자론'을 포함하는 이론 체계입니다. 양자론은 고전 물리학으로는 도저히 설명할 수 없었던 신기한 자연 현상들을 설명하기 위해 태어났습니다. 따라서 고전 물리학은 양자론을 포함하지 않는, 그 이전의 물리학 체계를 말합니다.

한때는 '물리학은 뉴턴 역학으로 완성되었고, 이제 남은 것은 응용뿐이다.'라는 말도 있었습니다. 그러나 20세기 들어 과학자들이 실험과 관측을 이어가는 과정에서 이론과 실험 결과가 완전히 들어맞지 않는 자연 현상이 발견되기 시작했습니다. 그래서 '물리학을 근본부터 다시 봐야 한다.'라는 새로운 전환점을 맞이하게 된 것이지요.

양자론은 주로 소립자(더 이상 분할할 수 없는 궁극적으로 작은 입자)를 비롯한 미시 세계의 물리 현상을 다루기 때문에 일상생활 속에서는 직접적으로 감지할 수 없습니다. 이는 무수히 많은 소립자가 모이면서, 각 소립자가 지닌 양자론적 성질(양자 효과)이 사실상 평균화되어 사라지기 때문입니다. 그래서 이론 물리학이나 관측 기술이 발전한 20세기 이전까지, 인류는 이러한 현상을 발견해낼 수 없었습니다.

하지만 현대 물리학의 핵심인 양자론이 등장했다고 해서, 고전 물리학의 필요성이 사라진 것은 결코 아닙니다.

예를 들어, 제가 있는 미국에서는 쇼핑할 때 금액이 9달러 98센트처럼 딱 떨어지지 않을 경우, 10달러를 지불하는 일이 종종 있습니다. 이는 1센트 단위까지 정확히 맞추기 위해 애쓰는 것보다, 단위를 올려 지불하는 편이 괜한 수고를 줄이고 더 합리적이기 때문입니다. 장사의 목적은 어디까지나 이익을 추구하는 것이지, 수지를 완벽히 맞추는 데 있지 않다는 생각이 깔린 것이지요.

마찬가지로 어떤 물체가 어떤 식으로 움직이는지 예측할 때, 양자론을 사용해서 완벽하게 예측하려고 하면 매우 복잡하고 어려운 계산이 필요합니다. 그러나 예를 들어 공의 궤도를 예측할 때처럼 0.0000001밀리미터 같은 극단적인 정밀도가 요구되지 않는 상황에서는, 양자 효과를 굳이 고려할 필요가 없습니다. 이러한 경우에는 뉴턴 역학만으로도 충분합니다. 다시 말해 단순한 자연 현상에는 양자 효과를 무시할 수 있는 영역이 존재하며, 우리는 대부분 그런 영역 속에서 살아왔습니다. 즉 '뉴턴 역학은 쓸모가 없어진 것'이 아닙니다. 고전 물리학은 특정 조건과 영역 안에서 물리 법칙을 충분히 정확하게 설명할 수 있는 이론인 셈이지요.

한편, 양자론이 우리가 직접 감지할 수 없는 영역 세계를 다룬다고 해서 '나와는 상관없는 분야'라고 단정 짓기도 이릅니다. 예를 들어, 오늘날 일상에 없어서는 안 될 스마트폰, 컴퓨터, 가전제품에는 모두 컴퓨터가 탑재되어 있으며, 우리는 컴퓨터 없이 생활하기 어려운 디지털 사회 속에 살고 있습니다. 그런데 이 컴퓨터의 핵심 원리는 사실 양자론에 바탕을 두고 있습니다. 양자론은 결코 우리와 동떨어진 세계의 이야기가 아니라, 오히려 우리가 매일 신세를 지고 있는 이론이라고도 할 수 있습니다.

하지만 양자론 역시 물리학의 최종 형태는 아닐 가능성이 충분히 있습니다. 현재까지 양자론에서는 이론적 결함이 발견되지 않았고, 실험이나 관측 결과와 어긋나는 현상도 보고되지 않았습니다. 그러나 그것은 그저 현재 인류의 과학 기술로는 따라가지 못했을 뿐입니다. 기술이 발전해 훨씬 높은 정밀도로 물질을 관측할 수 있게 된다면, 이론과 어긋나는 영역이 발견될 가능성도 충분히 있습니다. 만약 그런 일이 실제로 벌어진다면, 자연과학에는 또 한 번의 혁명이 일어나겠지요. 물리학은 그런 식으로 발전해왔고, 앞으로도 그렇게 나아갈 것입니다.

이 책은 유튜브YouTube 채널 '리핵ReHacQ'의 동영상을 바탕으로, 새로운 내용을 추가하여 정리한 것입니다. 출연할 기회를 주신 '리핵'의 프로듀서 다카하시 히로키 씨에게 감사 말씀드립니다.

저는 연구자들의 '호기심'과 '열정'이 물리학을 발전시켜왔다고 생각합니다. 물론 사소한 공식이나 계산법을 익히는 것도 중요하지만, 그보다는 여러분이 먼저 물리학을 배우는 즐거움을 느껴보았으면 합니다. 그런 바람을 담아 이 책을 집필했습니다. 중고등학생들도 이해할 수 있도록, 어려운 수식은 최대한 배제하고 쉽게 정리하려고 노력했습니다.

이 책이 여러분의 세상을 바라보는 '해상도'를 높이는 계기가 된다면, 그보다 더 기쁜 일은 없을 것입니다.

노무라 야스노리

알쏭달쏭한 '시간'과 '공간'의 비밀을 밝히는 [상대성 이론]

물리학의 상식을 뒤엎은 양자의 힘
[양자역학]

양자역학과 상대성 이론, 이를 통합하는 [현대 물리학]

시간은 되돌릴 수 있는가? [통계역학]

1

세상을 움직이는
세 가지 법칙
[고전 물리학]

물리학의 초석을 다진 거인, '갈릴레오'

먼저 물리학이라는 학문이 최초로 어떻게 시작되었는지부터, 중력의 원리를 밝혀낸 '뉴턴 역학'까지 소개하겠습니다. 우리가 보통 중고등학교 6년 동안 물리 과목 시간에 배우는 내용이지요.

하지만 이번에는 교과서와 다르게 접근하려고 합니다. 갈릴레오, 뉴턴, 라이프니츠, 케플러, 코페르니쿠스……. 이렇게 물리학의 초석을 쌓은 위대한 물리학자들에게 초점을 맞춰볼게요. 그들이 평생을 바쳐 찾아낸 발견과 법칙이, 끊이지 않고 계속 이어져 내려와 지금의 물리학으로 계승되었다니, 학문의 낭만이라는 게 이런 것 아닐까요?

물리학은 17세기 초, 갈릴레오 갈릴레이가 직접 만든 망원경으로 천체를 관측하기 시작하면서 출발했습니다. 이 갈릴레오와 이후에 등장하는 아이작 뉴턴은 물리학에서 그야말로 '슈퍼 울트라 거인'이자, 새 시대를 연 위대한 인물입니다. 이 두 사람은 어마어마한 발견을 이뤄내기도 했습니다. 바로 중력의 비밀을 밝혀낸 것이지요.

갈릴레오는 이탈리아의 피사라는 마을에서 태어났습니다. 그리고 의사가 되길 강하게 바라는 아버지의 뜻에 따라 피사대학교에 진학했습니다.

당시 대학에서 자연과학을 가르칠 때 중심이 되었던 것은 고대 그리스 철학자 아리스토텔레스의 학설이었습니다. 아리스토텔레스는 '자연의 본질은 운동에 있다'고 보았습니다. 예를 들어 천체의 원운동이나 물체가 지상으로 떨어지는 운동이 중력(만유인력) 때문이라는 사실을 지금 우리는 알고 있지만, 그 당시에는 '자연적 운동'이라 부르며 물체 자체에서 작용하는 운동이라고 여겼던 것이지요.

아리스토텔레스는 태양이나 달 같은 천체들이 지구를 중심으로 돌고 있다는 '천동설'을 주장했습니다. 갈릴레오 역시 피사대학에 다니던 시절, 그러한 아리스토텔레스의 자연과학 서적을 읽고 배웠습니다.

하지만 그런 갈릴레오에게 큰 전환점이 찾아왔습니다. 훗날 그의 스승이 되는 수학자 오스틸리오 리치와의 만남을 계기로 고대 그리스 시대의 수학자이자 천문학자인 유클리드나 아르키메데스의 저서를 접하게 되었고, 이를 통해 수학에 대한 흥미가 싹튼 것입니다.

특히 갈릴레오는 '아르키메데스의 법칙'에 충격을 받았습니다. 이 법칙은 이런 내용입니다.

'물체가 유체(공기나 물처럼 일정한 형태를 띠지 않고, 힘을 가하면 자유롭게 변형되어 흐르는 물질) 속에 있을 때, 그 물체는 자신이 밀어낸 유체의 무게만큼 가벼워진다.'

정확하게 표현하자면, 유체 속에 놓인 물체에는 부력이 작용하고, 그 크기는 물체가 밀어낸 유체의 부피에 비례하며 그 무게와 같습니다. 이 원리는 흔히 '부력의 법칙'이라고도 불리지요. 아르키메데스는 목욕하던 중 욕조에 몸을 담그다가 이 부력의 원리를 깨달았고, "유레카(발견했다)!"라고 외치며 벌거벗은 채 집으로 달려갔다는 유명한 일화도 전해집니다.

아르키메데스는 고대 그리스의 도시국가 시라쿠사 출신으로, 당시 시라쿠사의 왕이었던 히에론 2세는 어느 금 세공사에게 금으로 왕관을 만들라고 의뢰했습니다. 완성된 왕관은 약속된 금의 무게와 같았지만, 왕관을 본 왕은 금 세공사가 금의 일부를 훔치고 값싼 은을 섞은 것이 아닌지 의심했습니다. 그래서 왕은 아르키메데스에게 알아보라고 지시했지요. 방법을 궁리하던 어느 날, 아르키메데스는 뜨거운 물이 가득 찬 욕조에 몸을 담그는 순간, 몸의 부피만큼 똑같은 물이 욕조 밖으로 흘러넘친다는 사실을 깨달았습니다. 그는 당장 왕관의 무게와 같은 양의 금을 사용해 실험을 했습니다. 금과 왕관의 무게는 같았지만, 왕관을 물에 넣었을 때 흘러넘친 물의 양이 더 많은 것을 보고, 왕관에는 금보다 부피가 가벼운 은이 섞여 있다는 증거를 잡아내어 금 세공사의 속임수를 간파했습니다.

이렇게 해서 갈릴레오는 자신이 나아가야 할 길을 찾았고, 의학부로 진학하기 전에 피사대학교를 자퇴했습니다. 이후 리치의 가르침 아래에서 그는 수학과 물리학, 그중에서도 중력과 밀접한 관련이 있는 '역학' 연구에 심취했습니다. 갈릴레오의 연구는 점점 인정받게 되었고, 결국 그는 피사대학교 학예학부*의 수학 교수로 임용됩니다.

가설을 실험으로 증명해내는 방법을 처음으로 도입한 갈릴레오

갈릴레오 하면 가장 먼저 떠오르는 것은 아마도 피사의 사탑에서 했

---

* 16세기 시절 피사대학교는 지금처럼 이과와 문과가 정확히 구분되지 않았습니다. 당시 수학은 순수 학문이라기보다는 자연철학으로 분류되어, 철학 계열이 있는 학예학부에 속하였습니다.

다는 낙하 실험일 것입니다. 무게가 다른 두 개의 공을 동시에 떨어뜨리는 실험이지요(하지만 이 실험은 실제로 이루어지지 않았다는 설도 있습니다). 갈릴레오가 살던 시대에도 물체의 낙하 운동에 대해서는 아리스토텔레스가 제창한 설이 뿌리 깊게 박혀 있었습니다. 그는 '무거운 물체는 가벼운 물체보다 더 빨리 떨어진다'고 주장했습니다. 만약 이 말이 맞는다면, 무거운 공이 가벼운 공보다 더 빨리 땅에 닿아야 하겠지요.

하지만 갈릴레오는 이 주장에 의문을 품었습니다. 피사대학교에서 교수로 재직하던 시절, 그는 역학을 깊이 연구한 끝에 '물체가 중력에 의해 떨어질 때, 그 속도는 무게와 무관하다'는 사실을 밝혀냈습니다. 오늘날에는 가설을 먼저 세운 뒤 실험을 반복하여 자연의 물리 법칙을 검증하는 방식이 당연한 절차이지만, 이러한 과학적 수법을 처음으로 시도한 사람이 바로 갈릴레오였습니다. 물리학 역사상 매우 중요한 포인트이니 꼭 기억해두면 좋겠습니다.

다만, '낙하하는 물체의 속도가 일정하다'는 뜻은 아니니 주의가 필요합니다. 예를 들어 유리컵을 빌딩 1층에서 떨어뜨렸을 때와 5층에서 떨어뜨렸을 때, 부서지는 정도에는 분명한 차이가 있습니다. 중력에 의한 낙하 운동은 시간이 지나면서 속도가 점점 빨라지기 때문에 높은 곳에서 떨어질수록 충격도 훨씬 커지는 것입니다.

하지만 비디오카메라가 없던 시절에는 떨어지는 물체의 운동을 자세히 관측하기가 상당히 어려웠습니다. 그래서 갈릴레오는 직접 경사면 위에서 공을 굴리는 실험을 여러 차례 반복하며, 운동의 과정을 정밀하게 관찰했습니다. 그 결과, 그는 '낙하하는 물체가 떨어지는 거리는 낙하에 걸린 시간의 제곱에 비례한다'는 사실을 발견했습니다. 이 원리는 '낙하 운동의 법칙' 혹은 '낙체의 법칙'이라고 부릅니다. 계속된 연구에서 그는 '낙하 운동을 할 때 물체가 떨어지는 속도는 거리가 아닌 시간에 비례한다'는 사실도 함께 밝혀냈습니다. 이처럼 갈릴레오는 중력에 의한 낙하 운동의 중요한 법칙들을 밝혀낸 과학자였습니다.

게다가 갈릴레오는 경사면에서 공을 굴리는 실험을 통해 매우 중요한 개념인 '관성의 법칙'도 발견했습니다. 이 법칙은 다음과 같습니다.

'움직이는 물체는 외부의 힘을 받지 않는 한, 원래의 속도와 방향을 그대로 유지하며 계속 운동한다(등속 직선 운동). 정지해 있는 물체는 외부의 힘이 가해지지 않는 한, 정지한 상태를 계속 유지한다.'

하지만 갈릴레오가 당시에 발견한 관성의 법칙은 정확도가 떨어지는 부분이 있었습니다. 이 개념을 더 정확한 이론으로 발전시킨 인물은 프랑스의 철학자이자 수학자인 르네 데카르트였습니다. 이러한 이유로 관성의 법칙은 현재 갈릴레오와 데카르트가 함께 발견한 이론이라 여겨지고 있습니다.

'치열한 전쟁' 속에 태어난 발견

나아가 갈릴레오는 포탄을 발사했을 때 포탄이 어떤 궤적을 그리며 떨어지는지에 대해서도 깊이 연구했습니다. 당시 유럽은 여러 국가가 유럽의 패권을 둘러싸고 치열한 전쟁을 반복하고 있었습니다. 강력한 위력을 가진 대포를 적에게 명중시키려면, 포탄이 어떤 궤적을 그리며 날아가고 어디에 떨어지는지를 정밀하게 예측할 필요가 있었습니다. 이는 국가의 존망이 걸린 중대한 문제였습니다. 오늘날에는 공중으로 날아간 물체가 그리는 곡선의 형태를 이과 수업에서 배우는 분들도 많지만, 그 당시에는 아무도 예측할 수가 없었습니다. 그런데 이 문제를 보기 좋게 풀어낸 사람이 바로 갈릴레오였습니다.

공중으로 발사된 포탄은, 만약 지구의 중력(만유인력)이 없다면 관성의 법칙에 따라 발사된 방향으로 곧게 날아갈 것입니다. 그러나 실제로 포탄은 땅을 향해 천천히 떨어집니다. 갈릴레오는 포탄이 나아가는 속도를 두 가지 성분으로 나누어 생각했습니다. 하나는 중력을 받는 방향(연직 방향)이고, 다른 하나는 수평 방향입니다. 그는 이 두 운동이 서로 영향을 주지 않고 독립적으로 이루어지며, 포탄의 운동은 이 두 운동이 결합된 결과라고 예측했습니다. 이것이 바로 '운동의 독립성'이라 불리는 중요한 발견입니다. 이 개념을 바탕으로 갈릴레오는 포탄의 궤적을 정확히 계산해낼 수 있었습니다.

물체의 운동을 수평 방향과 연직 방향이라는 두 가지 성분으로 나누어 생각하는 발상은 갈릴레오가 처음이었습니다. 그는 이렇게 중력을 통해 포탄이 그리는 곡선의 형태를 밝혀냈습니다. 오늘날 우리는 이 곡선을 '포물선'이라고 부릅니다.

지상과 천상이 같은 세계였다?

갈릴레오는 천문학 분야에서도 매우 유명한 인물입니다. 저 역시 우주 물리학이라 불리는 분야를 연구하고 있는데, 이 우주 물리학의 초석을 다진 사람도 바로 갈릴레오였습니다.

1609년, 갈릴레오는 네덜란드에서 망원경이 발명되었다는 소문을 듣고, 볼록렌즈와 오목렌즈를 조합하여 직접 망원경을 만들었습니다. 그리고 이를 사용해 천체 관측을 시작했으며, 처음으로 관측한 대상은 달이었습니다. 그는 달을 관찰해 달의 표면에도 지구처럼 산과 계곡 같은 지형의 기복이 존재한다는 사실을 최초로 발견했습니다. 당시에는 모든 천체가 완전히 매끄러운 구형일 것이라고 여겼기 때문에, 이 발견은 큰 충격을 주었습니다. 오늘날 우리가 보기에는 '그게 그렇게 놀라운 일인가?' 싶을 수 있지만, 당시 사람들은 우리가 사는 지상 세계와 천상 세계는 완전히 다른 별개의 영역이라고 믿었습니다. 갈릴레오의 관측을 통해 지상과 하늘에 뜨는 달이 닮았다는 사실을 알게 되자 크게 놀란 것입니다.

천체에 대한 갈릴레오의 관심은 여기에서 멈추지 않았습니다. 그가 다음으로 망원경을 향한 곳은 목성이었습니다. 그리고 목성 주변에 4개의 위성이 존재한다는 사실을 알아냈지요. 이 또한 천문학 역사에 길이 남을 중요한 발견이며, 이처럼 갈릴레오가 천문학 분야에서 세운 공적은 실로 눈부십니다.

하지만 이와 맞먹을 만큼 높이 평가해야 할 점이 또 하나 있습니다. 그것은 갈릴레오가 자연과학 연구에 실험과 더불어 '관측'이라는 수법을 새로이 도입했다는 사실입니다. 갈릴레오의 등장 이후로 자연과학은 이론, 실험, 관측이라는 삼위일체의 방식으로 발전을 이루게 되었습니다.

‘천동설’에서 ‘지동설’로

갈릴레오는 이러한 천체 관측을 통해, ‘우주의 중심은 태양이며 지구는 다른 행성과 함께 태양 주위를 돌고 있다’는 ‘지동설’에 확신을 갖게 되었습니다.

한편, 사람들이 오랫동안 믿었던 ‘천동설’은 아리스토텔레스 이후 기원전 2세기에 고대 그리스의 천문학자 히파르코스가 정교하고 치밀한 형태로 정리했고, 이어서 2세기에는 고대 로마의 학자 프톨레마이오스가 이를 바탕으로 책을 완성했습니다. 그의 저서는 고대 말기부터 중세에 이르기까지 유라시아 대륙 여러 문명의 우주관과 세계관에 지대한 영향을 미쳤습니다.

이에 반해, 천동설에 이의를 제기하고 처음으로 지동설을 제창한 인물은 폴란드 출신의 천문학자 니콜라우스 코페르니쿠스였습니다. 그는 저서《천체의 회전에 관하여》에서 지동설을 발표했지만, 이 책은 그가 세상을 떠난 해인 1543년에 출간되었습니다. 그만큼 당시에는 지동설을 주장하는 일이 생명을 위협받을 수 있는 위험한 행위였던 것입니다.

1595년, 갈릴레오는 처음으로 코페르니쿠스의 지동설에 관한 강연을 듣고, 이를 지지하게 된 것으로 추정됩니다. 또한 그는 당시 서신 왕래를 통해 교류하고 있던 독일의 천문학자 요하네스 케플러로부터 저서《우주의 신비》를 선물 받았습니다. 케플러 역시 지동설을 제창했던 인물이지요.

그러나 아리스토텔레스의 이론과 천동설은 기독교 성서의 가르침과 깊이 연결되어 있었기 때문에, 천동설과 지동설의 대립은 단순히 천문학 내부의 문제로만 치부할 수 없었습니다. 이는 '성스러운 천상 세계'와 '속된 지구'라는 기존의 세계관을 뿌리부터 흔드는 중대한 문제였던 것이지요.

그런 분위기에서 이탈리아 출신의 철학자이자 수도사 조르다노 브루노는 지동설을 지지했을 뿐 아니라, 우주는 유한하지 않고 무한하며 모든 항성은 각각 하나의 태양이라는 생각에 이르렀습니다. 이러한 그의 주장은 기독교를 거스르는 이단 취급을 받았고, 그는 결국 화형에 처해지고 말았습니다. 그러나 브루노가 화형에 처해진 가장 큰 이유는, 지동설을 핑계 삼아 기독교 협회를 비판했기 때문이었다고 합니다.

이러한 상황 속에서 갈릴레오 역시 천체 관측을 통해 지동설을 지지하는 입장을 점차 굳혀갔고, 그로 인해 보수적인 신학자들의 강한 반발을 사게 되었습니다. 결국 1616년, 이단 심문소는 지동설에 대해 '철학적으로도, 신앙적으로도 잘못된 주장'이라는 판결을 내렸습니다. 이에 따라 갈릴레오의 연구 활동은 큰 제약을 받게 되었습니다. 그런 가운데 갈릴레오는 저서 《두 우주 체계에 관한 대화》를 출간했습니다. 이 책은 천동설과 지동설을 공평하게 다루는 듯 보이지만, 독자가 자연스럽게 지동설에 동의하도록 만드는 내용이었습니다. 그 결과 갈릴레오는 이단 심문소에 회부되어 종교 재판에 처해졌습니다. 재판 결과는 유죄. 갈릴레오는 지동설 철회를 요구받았으며, 끝내 교회 측의 주장을 받아들인다고 선언하게 되었습니다. 이때 갈릴레오의 나이는 일흔이었습니다. 그가 유죄 판결을 받은 후 '그래도 지구는 돈다'라고 외쳤다는 이야기는 지금도 널리 알려져 있습니다(실제로는 후세의 작가가 창작한 이야기라고 하지만).

종교 재판 이후 실의에 빠진 갈릴레오는 별장에 머물며 은둔 생활을 보냈지만, 천문학에 대한 열정만큼은 식지 않았습니다. 그는 시력을 잃는 등 건강상의 큰 어려움을 겪으면서도, 자신의 연구 인생을 집대성한 마지막 저서 《새로운 두 과학》을 출간했습니다. 그리고 1643년, 79세를 일기로 생을 마감했습니다.

뉴턴 역학에 지대한 영향을 끼친 천문학자 케플러

고전 물리학의 역사는 갈릴레오에서 시작되어, 영국의 수학자이자 물리학자이며 천문학자인 뉴턴이 완성한 '뉴턴 역학'으로 결실을 맺게 됩니다. 갈릴레오는 중력에 의한 낙하 운동의 법칙을 밝혔고, 뉴턴은 중력이 모든 물체에 작용하는 보편적인 힘이라는 사실을 이끌어 냈습니다.

사실 갈릴레오와 뉴턴이라는 이 두 '슈퍼 거인'만 확실히 잡으면 물리학은 끝이라고 말하고 싶지만, 실제로는 이 두 사람 외에도 물리학의 발전에 크게 이바지한 인물들이 아주 많습니다. 뉴턴을 소개하기에 앞서, 천문학 분야에서 매우 중요한 공헌을 했고 뉴턴에게도 지대한 영향을 끼친 케플러를 먼저 소개하려고 합니다.

케플러는 1571년, 독일의 서남부에 위치한 신성 로마제국의 자유 도시 바일데어슈타트에서 태어났습니다. 그는 대학 시절 처음으로 지동설을 알게 되었습니다. 당시 교수였던 미하엘 메스틀린에게 코페르니쿠스의 지동설을 배우게 된 것이었지요. 케플러는 대학에서 신학을 전공했지만, 졸업을 앞두고 대학의 추천으로 수도원 부속학교에서 수학과 천문학을 가르치게 되었습니다. 이 경험이 그를 성직자가 아닌 천문학자의 길로 이끄는 계기가 되었습니다. 그러나 이후 부속학교가 폐쇄되면서 새로운 일자리를 구해야 했습니다. 그 당시 케플러는 갈릴레오뿐 아니라 덴마크의 귀족이자 천문학자인 튀코 브라헤와도 서신을 주고받으며 교류했습니다. 그 인연으로 케플러는 튀코 브라헤를 만나기 위해 프라하로 향하게 되었습니다.

당시 29세였던 케플러는 53세의 튀코 브라헤 밑에서 조수로 일하며 화성에 관한 연구를 도왔습니다. 튀코 브라헤는 이미 16년이라는 긴 세월 동안 화성을 정밀하게 관측해온 터라, 방대한 양의 관측 데이터를 보유하고 있었습니다. 그러나 두 사람이 만난 지 2년도 채 되지 않아 튀코 브라헤는 세상을 떠나고 말았습니다. 이후 케플러는 튀코 브라헤의 후계자로서 황제 전속 수학자로 임명되었고, 동시에 그가 남긴 귀중한 관측 기록들도 넘겨받게 되었습니다.

사실 화성은 궤도 예측이 매우 어려운 행성이었습니다. 고대 그리스의 수학자이자 철학자인 피타고라스의 등장 이래 우주는 '완전한 조화'의 상징으로 여겨졌으며, 사람들은 우주를 이동하는 천체의 궤도는 모두 원을 그린다고 굳게 믿었습니다. 이러한 인식은 천동설 시대뿐 아니라, 코페르니쿠스가 지동설을 제창한 이후에도 계속되었습니다.

하지만 행성의 궤도가 원을 그린다고 가정하면, 지동설에 따른 예측 결과와 실제 관측 결과는 완전히 일치하지 않습니다. 지동설이 당시 널리 받아들여지지 않았던 이유 중 하나도 여기에 있었습니다. 고대 로마의 프톨레마이오스는 천동설에 관한 '프톨레마이오스 이론'을 정립했는데, 이는 지구에서 봤을 때 천체가 어떤 식으로 움직이는지 이론적으로 정리한 것입니다. 매우 복잡한 이 이론에는 여러 개의 규칙이 필요했는데, 당시의 관측 기술 수준을 가지고도 천체의 운동을 정확히 예측할 수 있었습니다.

코페르니쿠스의 주장이 받아들여지지 않았던 이유 중 다른 하나는, 그의 이론이 프톨레마이오스 이론에 비해 관측 결과와 예측 결과의 정확도가 떨어졌기 때문입니다. 당시에는 항해를 하려면 천체의 위치가 매우 중요했기 때문에 천체 운동 예측을 정확하게 해야 했습니다. 오늘날에는 '코페르니쿠스가 지동설을 주장했지만, 기존의 세계관과 모순되기 때문에 사람들이 믿지 않았다'는 식으로 단순하게 전해지곤 하지만, 사실 그렇게 간단한 이야기는 아니었던 것이지요.

한편, 케플러는 튀코 브라헤가 남긴 어마어마한 양의 화성 관측 기록을 꼼꼼하게 조사했습니다. 그리고 마침내 중대한 결론에 이르렀습니다. 그것은 바로 행성의 궤도는 원이 아니라 타원형이라는 사실입니다. 이를 '케플러의 제1법칙'이라고 하며, 케플러가 발견한 세 가지 법칙 중 첫 번째 법칙입니다.

케플러의 제1법칙은 다음과 같습니다. '지구를 포함한 모든 행성은 초점 중 한 곳에 태양을 두고 타원 궤도를 그리며 태양 주위를 공전한다.' 이렇게 원 궤도가 아니라 타원 궤도라고 생각하면, 행성의 움직임을 훨씬 정확하게 설명할 수 있습니다. 이 결과는 프톨레마이오스가 정리한 천동설에 관한 이론을 전부 능가하는 발견이었습니다. 코페르니쿠스의 지동설이 프톨레마이오스의 이론보다 예측 정확도가 더 떨어졌던 가장 큰 이유는 행성이 태양 주위를 원이 아닌 타원을 그리며 돌고 있었기 때문이었습니다. 이 케플러의 이론을 바탕으로 두고 생각해보면, 관측 데이터와 완전히 일치합니다.

무수히 많은 보조 규칙을 덧붙여야 하는 천동설보다, 단 하나의 이론으로 전체를 설명할 수 있는 지동설이 훨씬 더 자연스럽고 단순합니다. 이 점은 자연의 물리 법칙을 평가할 때 매우 중요한 기준이 되었습니다. 비단 이 사례에만 국한된 이야기는 아닙니다. 물리학에서는 '더 간결하고 더 아름다운 이론이 옳다'는 사례가 자주 나타납니다. 이것이야말로 물리학이 지닌 매력인 것 같습니다. 단 하나의 법칙이 수많은 물리 현상을 설명해낸다는 사실에 우리는 놀라움을 느끼게 되고, 동시에 세상의 이면에 감춰진 과정들을 엿보는 듯한 느낌이 들기 때문이지요.

'물리학' 관점에서 다시 본 천체의 운동

이어서 케플러는 '제2법칙'을 발견했습니다. 이 법칙은 '태양과 행성을 연결하는 선분이 일정 시간 동안 쓸고 지나가는 면적은 언제나 일정하다.'는 것입니다. 이 법칙이 성립하는 이유는, 행성이 태양에 가까워질수록 중력(만유인력)이 강해져서 행성의 움직임이 빨라지고, 반대로 태양에서 멀어질수록 중력(만유인력)이 약해져서 행성의 움직임이 느려지기 때문입니다.

여기서 더 나아가 케플러는 '제3법칙'에 다다릅니다. 이 법칙은 '공전 주기의 제곱과 장반경(타원의 긴 쪽 반지름)의 세제곱 비율은 어느 행성이든 모두 같다.'는 내용입니다. 다시 말해, [(공전주기)^2÷(장반경)^3]이라는 값은 행성의 질량 등에 상관없이 모두 같은 값을 갖는다는 것을 나타냅니다. 이 값은 나중에 중력(만유인력)과 태양의 질량에 의해 정해진다는 사실이 수학적으로 확인되었습니다.

제2법칙과 제3법칙은 모두 행성과 태양 사이의 중력(만유인력)에 관한 내용입니다. 케플러 역시 중력에 관한 중요한 법칙을 발견한 것입니다.

케플러 이전의 천문학은 주로 기하학(도형)적인 관점에서 이해하려고 했습니다. 그와 달리 천체의 운동을 물리학적인 관점에서 바라보고 설명하고자 한 최초의 인물이 바로 케플러였습니다. 그런 점에서 케플러는 천문학뿐만 아니라 물리학의 역사에도 큰 공적을 남긴 인물 중 하나라고 할 수 있겠습니다.

하지만 케플러는 자신의 세 가지 법칙이 성립하는 이유에 대해서는 풀어내지 못했습니다. 케플러의 법칙은 어디까지나 천체 관측을 통해 얻은 경험적인 법칙이었기 때문이지요. 그럼에도 독일 출신의 천재 이론 물리학자 알베르트 아인슈타인은 케플러의 위업을 이렇게 칭송했습니다. "케플러의 위대한 공적은, 지성에 따른 발견이란 관측된 사실과의 비교를 통해서만 얻을 수 있다는 진리를 보여주는 매우 아름다운 예증이다."

그리고 케플러가 세상을 떠난 지 약 13년, 갈릴레오가 세상을 떠난 지 약 1년이 지난 1643년에 태어난 인물이 있었습니다. 그는 케플러의 세 가지 법칙을 이론적으로 설명해낸 영국의 천재 과학자 아이작 뉴턴이었습니다.

세 가지 대발견을 이루어낸
'창조적 휴가'

이제 드디어 뉴턴의 위업을 소개할 차례입니다.

뉴턴은 1643년, 영국의 울스소프라는 시골 마을에서 태어났습니다. 그가 열일곱 살이 되던 해, 어머니는 뉴턴에게 농장을 물려주려고 했습니다. 하지만 뉴턴은 농장을 이을 의지가 없었기에, 대신 케임브리지대학교에 입학했습니다. 대학에서는 아리스토텔레스 등 고대 그리스 철학자들의 사상을 배우는 전통적인 교육을 받았습니다. 그러나 뉴턴은 만족하지 못하고, 갈릴레오나 데카르트 같은 당대 최첨단 과학자들의 저서에 빠져들었습니다. 데카르트의 《기하학》이나 영국의 수학자 존 월리스의 《무한산술》을 열심히 읽으며 철학 지식을 깊이 다졌다고 합니다. 이때 쌓은 수학 지식은 훗날 뉴턴이 '미적분학'을 발견하는 데 밑거름이 되었습니다. 또한 그는 천문학에도 깊은 관심을 갖고, 천체를 열심히 관측했습니다.

하지만 당시 런던에서 맹위를 떨치던 페스트 때문에 많은 시민들이 목숨을 잃었습니다. 이 병은 피부가 검게 변하면서 죽음에 이른다고 해서 '흑사병'이라고 불리며 사람들에게 큰 두려움을 안겼습니다. 이 공포의 그림자는 케임브리지에도 닥쳤고, 결국 1665년에 대학이 폐쇄되었습니다. 뉴턴은 어쩔 수 없이 고향인 울스소프로 돌아가야 했습니다. 그리고 그는 그곳의 풍부한 자연환경 속에서 수학과 물리학 연구에 몰두했습니다. 지금은 1665년부터 1666년까지 뉴턴이 고향에서 보낸 1년 반을 '창조적 휴가'라고 부릅니다. 왜냐하면 뉴턴이 이 기간에 '미적분학', '빛의 이론'을 비롯하여 중력의 작용을 설명하는 '만유인력의 법칙'까지, 후세의 과학 발전에 막대한 영향을 미칠 세 가지 대발견을 이루었기 때문입니다. 그때 뉴턴의 나이는 겨우 23세였으니, 정말로 입이 다물어지지 않는 업적입니다.

먼저 '미적분학'의 발견이란 무엇일까요? 지금까지 수학에서 미분법과 적분법의 선봉장이 된 방법은 각각 다른 문맥에서 발전해왔습니다. 일본에서도 세키 다카카즈라는 인물이 이 시기에 독립적으로 이들의 기초적인 방법을 개발했지요. 한편, 뉴턴은 이 두 가지를 하나로 통합해서 조사하고 발전시켰습니다. 이렇게 해서 미분과 적분은 미적분학이라는 하나의 분야로 자리 잡게 되었습니다.

그리고 태양에서 나오는 하얀 빛은 무수히 많은 색의 빛이 모여서 이루어진다는 빛의 성질을 설명하는 '빛의 이론'이 있습니다. 뉴턴은 자신의 방에 비쳐 들어오는 햇빛을 프리즘으로 받아 무지개처럼 일곱 빛깔로 분해하는 실험을 통해 이 이론이 옳다는 것을 증명했다고 합니다.

마지막으로 '만유인력의 법칙'이란 중력이 작용하는 방식을 설명하는 법칙인데, 뉴턴의 가장 유명한 업적이라고 할 수 있습니다. '지상의 나무에서 떨어지는 사과도, 우주를 둘러싼 천체도 모두 같은 중력의 법칙을 따라 움직인다.'는 발견이었습니다. 이는 당시의 상식을 뿌리째 뒤엎는 일이었습니다.

만유인력에 관한 이론은 뉴턴의 《프린키피아(자연 철학의 수학적 원리)》에 기록되어 있습니다. 이 책에서는 물체의 운동과 물체에 작용하는 힘의 관계를 다양한 정의와 법칙을 써서 수학적으로 증명했는데,

물리학 역사에서 가장 중요한 기록 중 하나로 평가받고 있습니다.

참고로《프린키피아》는 1665년부터 20년 이상이 지난 1687년에 출간되었는데, 그 이유는 뉴턴이 비밀주의를 고수했기 때문입니다. 그는 라이벌인 다른 과학자들과의 논쟁을 피하기 위해 자신의 연구 성과를 발표하기를 꺼렸습니다.

하지만 뉴턴은 자신을 잘 이해하는 사람이자 '핼리 혜성'의 주기적 방문을 예언한 것으로 유명한 영국의 천문학자 에드먼드 핼리의 강력한 권유를 받고, 뉴턴 역학에 관한 기록을 출판하기로 결심했습니다. 그렇게 1년에 걸쳐 정리한 것이《프린키피아》였습니다.

물리학의 기초가 되는 '뉴턴의 운동 법칙'이란?

이제부터는《프린키피아》에 실려 있는, 만유인력을 포함한 뉴턴 역학에 대해 자세히 소개하겠습니다. 이 내용은 고등학교 물리 수업에서도 배우는 부분으로, 물리학에서 가장 중요하고 기본적인 법칙입니다. 이 책의 주제인 '중력'과도 밀접한 관련이 있으니 꼭 이해하고 넘어가기를 바랍니다.

뉴턴 역학은 '뉴턴의 운동 법칙'을 바탕으로 합니다. 이 운동 법칙은 세 가지로 이루어져 있습니다.

제1법칙: 관성의 법칙

제2법칙: 가속도의 법칙 '힘(F)＝질량(m)×가속도(a)'

뉴턴은 갈릴레오나 케플러 등 선인들이 연구해온 물체 운동에 관한 성과를 이어받아 정리하고 발전시켰습니다. 그리고 이를 종합해 뉴턴 역학을 완성했습니다.

제1법칙 '관성의 법칙'

관성의 법칙은 이미 소개했듯이, 갈릴레오와 데카르트가 발견한 법칙입니다. 이 법칙은 '움직이는 물체는 힘을 받지 않는 한, 같은 속도로 곧게 운동을 계속한다(등속 직선 운동). 정지한 물체는 힘을 받지 않는 한, 계속 정지한 상태를 유지한다.'는 내용이었습니다. 당시 갈릴레오는 '힘을 받지 않으면, 원운동을 하는 물체는 계속 원운동을 한다.'고 생각했습니다. 예를 들어 지구의 표면이 구면이기 때문에 관성의 법칙에서 말하는 수평면은 실제로 구면이고, 따라서 물체의 운동은 원운동인 셈입니다. 하지만 관성의 법칙은 원운동이 아닌 등속 직선 운동에만 해당된다는 옳은 결론을 도출해낸 사람이 바로 데카르트였습니다.

그러나 관성의 법칙은 우리의 직관과는 살짝 다르게 느껴질 수 있습니다. '아니, 물체는 계속 움직이지 않아. 반드시 멈추게 되어 있어.'라며 말이지요. 하지만 그것은 사실이 아닙니다. 예를 들어, 지면을 미끄러져 가는 물체가 멈추는 이유는 마찰력이나 공기 저항이 작용하기 때문입니다. 마찰력은 접촉한 두 물체 사이에서 운동을 방해하는 방향으로 작용하는 힘입니다. 특히 물체가 움직일 때, 운동 방향과 반대 방향으로 작용하는 마찰력을 '동마찰력'이라고 부릅니다. 동마찰력은 물체의 운동을 방해하는 힘입니다. 또한 또한 마찰력의 주요 원인은 접촉한 물체 표면의 원자들 사이에 생기는 힘으로 추측됩니다. 때로는 물체 표면의 울퉁불퉁한 부분에 걸리는 경우도 있을 거예요. 하지만 마찰력의 구조는 매우 복잡해서 현재에도 완벽하게 이해하지는 못하고 있습니다.

또한 공기 중을 운동하는 물체도 그 운동을 거스르는 힘을 받는데, 이를 공기 저항이라고 합니다. 물체가 공기를 밀어내려 할 때, 공기에서는 반대 방향으로 힘을 받는 것입니다. 만약 마찰력이나 공기 저항이 없다면, 물체는 멈추지 않고 등속으로 곧게 나아가겠지요. 오늘날에는 우주 정거장에서 보내는 영상도 있기 때문에 본 적이 있는 사람들은 이해하기 쉽겠지만, 당시에는 이를 명확히 밝혀내는 것이 결코 쉬운 일이 아니었습니다.

제2법칙 '가속도의 법칙'

제2법칙은 운동 방정식이라고도 불리며 '힘(F) = 질량(m) × 가속도(a)'로 나타냅니다. 이 식은 '힘이 가해진 물체는 가속도 운동을 한다. 가속도의 크기는 힘의 크기에 비례하고, 질량에 반비례한다. 또한 가속도의 방향은 힘의 방향과 일치한다.'는 것을 뜻합니다. 이 부분을 조금 더 설명해보겠습니다.

물리학 세계에서 말하는 속도란 속력에 운동의 방향까지 더해진 개념입니다. 따라서 속도는 단순히 크기만 나타내는 속력과는 다릅니다. (그래도 이 책에서는 일상의 관례에 따라 속력도 속도라고 불리는 경우가 있습니다.) 또한 가속도는 일정 시간 동안 속도가 얼마나 변하는지를 나타냅니다. 특히 속력이 변하지 않아도, 속도의 방향이 바뀌면 가속도가 존재한다는 사실에 주의해야 합니다.

제2법칙에서 말하는 '가속도의 크기가 힘의 크기에 비례한다'는 것은, 예를 들어 물체에 2배의 힘을 가하면 가속도가 2배가 되고, 3배의 힘을 가하면 가속도가 3배가 된다는 뜻입니다.

하지만 같은 힘(F)을 가해도 가속도가 쉽게 생기는 경우와 그렇지 않은 경우가 있습니다. 여기서 가속하기 쉬운 정도를 나타내는 것이 질량(m)입니다. 예를 들어 힘이 10일 때, 질량이 1이면 가속도는 10이 됩니다. 하지만 질량이 100이면 가속도는 겨우 0.1밖에 되지 않습니다. 똑같이 10만큼의 힘을 가해도 질량이 다르면 가속도는 크게 달라집니다.

이처럼 같은 힘을 주어도 어떤 물체는 쉽게 가속되고, 어떤 물체는 잘 가속되지 않는다는 것은, 뉴턴 역학의 핵심인 운동 법칙이 말하고자 하는 중요한 내용 중 하나입니다.

힘이 작용했을 때 얼마나 가속할지는 이 식을 이용하면 간단히 알 수 있습니다. 이때 질량을 미리 측정해두면 주어진 힘에 따라 물체가 얼마나 가속하는지 계산할 수 있습니다. 또한 가속도를 알면 시간이 지나면서 속도가 어떻게 변하는지도 알 수 있습니다. 이렇게 순간순간의 속도를 알면 물체의 위치가 어떻게 변하는지도 계산할 수 있습니다. 이 법칙은 실제로도 많이 활용됩니다. 예를 들면 우주왕복선을 쏘아 올릴 때, 어떤 방식으로 가속하며 날아갈지까지 알아낼 수 있지요.

제3법칙 '작용 반작용의 법칙'

세 번째로, 작용 반작용의 법칙이란 '두 물체가 서로 힘을 주고받을 때, 한쪽 물체에 미치는 힘(작용)은 다른 쪽 물체에 미치는 힘(반작용)과 크기는 같지만 방향은 반대'라는 내용입니다. 어느 쪽이 작용이고 어느 쪽이 반작용인지는 보는 입장에 따라 달라집니다. 작용이 먼저이고 반작용이 나중이라는 순서도 없으며, 이 두 힘은 항상 동시에 발생합니다. 또한 작용 반작용의 법칙은 모든 힘에 대해 성립합니다.

예를 들어 배트로 공을 친다고 생각해보세요. 이때 힘이 배트에서 공으로만 가해진다고 생각하기 쉽지만, 실제로는 같은 크기의 힘이 공에서도 배트로 가해집니다. 그래서 공을 치면 팔에 충격이 느껴지는 것이지요.

이처럼 두 물체에 작용하는 힘의 크기는 같지만, 그 힘을 받은 두 물체의 운동은 달라질 수 있습니다.

예컨대, 체중이 무거운 사람이 체중이 가벼운 사람을 2라는 힘(F)으로 들이받았다고 생각해보세요. 이때 체중이 무거운 사람 자신도 똑같이 2의 힘을 받지만, 질량(m)이 크기 때문에 가속도(a)는 작아집니다. 그래서 결국 체중이 가벼운 사람만 날아가는 현상이 일어납니다. 레이스 게임인 '마리오 카트'를 해본 적이 있는 사람이라면, 거대한 쿠

퍼를 조종해서 가벼운 요시를 들이받았을 때 요시만 멀리 날아가는 장면을 떠올릴 수 있겠지요. 이것이 바로 작용 반작용입니다.

'그런 걸 알아서 뭐에 쓰나?' 싶을 수도 있지만, 사실 여러모로 도움이 됩니다. 예를 들어 자동차를 설계할 때, 차체에 어느 정도의 강도가 필요한지를 미리 계산할 수 있습니다. 자동차가 외벽에 부딪힐 때 어느 정도의 속도로 충돌하면 어느 정도의 힘을 받게 되는지를 운동 방정식과 작용 반작용의 법칙으로 도출할 수 있기 때문입니다. 이렇게 계산해보면 자동차에 어느 정도의 강도가 필요한지도 알 수 있습니다.

무게와 질량의 차이를 설명할 수 있을까?

혼동하기 쉬운 '무게'와 '질량'의 차이에 대해서도 여기서 설명하겠습니다. 무게는 '물체에 작용하는 중력의 크기'이고, 질량은 '물체를 움직이기 어렵게 하는 정도(가속하기 어려운 정도)를 나타내는 양'입니다.

무게는 장소에 따라 달라집니다. 그 이유는 중력의 크기가 장소마다 변하기 때문입니다. 들어본 적이 있겠지만, 같은 물체라도 지구보다 달에서 무게가 더 적게 나갑니다. 그것은 달의 중력이 지구의 중력의 6분의 1에 불과하기 때문이에요.

한편, 질량은 중력의 크기에 관계없는 물체 고유의 성질입니다. 지구에서도 달에서도 질량이 큰 물체는 작은 물체보다 움직이기 어렵고, 움직이게 하려면(가속시키려면) 더 큰 힘이 필요합니다.

갈릴레오는 모든 물체는 공기 저항을 무시할 수 있는 상황에서는 질량의 크기에 상관없이 땅으로 동시에 떨어진다는 사실을 발견했습니다. 이는 모든 물체가 같은 가속도(여기서 작용하는 힘은 중력이므로 '중력 가속도'라고 한다)로 낙하한다는 뜻입니다. 보통 질량이 크면 가속하기 어려워지는데, 중력의 경우에는 이 두 효과가 정확히 상쇄되어 중력 가속도는 질량의 크기와 무관해지는 것입니다.

이처럼 운동의 법칙들을 조합하면 물체의 운동을 모두 예측할 수 있다는 것이 바로 뉴턴 역학입니다. 그리고 그 종착점으로 '운동 에너지'라는 개념을 정의 내릴 수 있어요. 운동 에너지는 운동하고 있는 물체가 지닌 에너지를 뜻합니다.

물체의 운동 에너지는 질량에 비례하고, 속도의 제곱에 비례합니다. 따라서 같은 속도로 움직이는 경우에는 질량이 작은 것(가벼운 것)보다 질량이 큰 것(무거운 것)이 더 큰 운동 에너지를 가집니다. 예를 들어 질량이 2배가 되면 운동 에너지도 2배, 질량이 5배가 되면 운동 에너지도 5배가 됩니다. 반면 질량이 같은 경우에는 속도가 느린 것보다 빠른 것이 더 큰 운동 에너지를 가지기 때문에 물체의 속도가 2배가 되면 운동 에너지는 4배, 속도가 5배가 되면 운동 에너지는 25배가 됩니다.

달에도 사과에도 똑같이 작용하는 '만유인력의 법칙'

이제부터 뉴턴이 발견한 '만유인력의 법칙'을 소개하겠습니다.

'만유인력'이란 말 그대로 '만물, 즉 온갖 물체가 서로를 끌어당기는 힘'을 뜻합니다. 애초에 지구를 비롯한 천체들은 먼지와 가스가 만유인력으로 서로를 잡아당기면서 조금씩 모여 탄생했을 것으로 추측됩니다. 만유인력이 없었다면, 우리 역시 처음부터 존재하지 않았겠지요.

흔히 만유인력은 뉴턴이 사과가 나무에서 떨어지는 모습을 보고 발견했다는 이야기가 전해집니다. 하지만 이 일화가 사실이었는지 아닌지는 둘째 치고, 의미로 보아도 그 자체로는 성립되지 않습니다. 어떻게 사과가 떨어지는 모습을 보고 만유인력을 생각해낼 수 있었을까요? 사실 옳은 일화는, '뉴턴이 왜 사과는 땅으로 떨어지는데 달은 떨어지지 않는지에 대해 생각했다.'는 것입니다. 그리고 그에 대한 뉴턴의 대답은 '달도 떨어지고 있다.'였습니다. (이 사실은 나중에 다시 자세히 설명하겠습니다.) 뉴턴은 사과가 나무에서 땅으로 떨어지는 것과 달이 지구 주위를 도는 것이 모두 똑같이 만유인력 때문이라는 사실을 정확히 짚어냈던 것이지요.

앞서 말했듯이, 당시에는 달과 태양, 다른 천체가 존재하는 천상 세계를 지상 세계와는 전혀 다른 곳으로 여겼습니다. 그래서 당연히 천체를 지배하는 법칙도 다르다고 생각했습니다. 지상 세계에는 다양한 운동이 존재하지만, 천상 세계에서는 원을 기본으로 한 원운동만 이루어진다고 믿었던 것이지요.

하지만 뉴턴이 발견한 만유인력의 법칙은 천상 세계와 지상 세계가 모두 같은 물리 법칙을 따른다는 사실을 보여주는 매우 획기적인 것이었습니다. 자연의 배후에 있는 물리 법칙은 천상이나 지상으로 구별되지 않는다는 것을 증명한 셈이에요. 뉴턴은 중력의 법칙을 밝혀냄으로써 말 그대로 '세상을 바라보는 눈'을 완전히 바꿔놓았습니다.

만유인력과 중력

여기서 '중력'과 '만유인력'이 같은 것인지, 아니면 다른 것인지 궁금해하는 사람도 있을 텐데요. 그래서 이번에는 두 용어에 대해 추가로 설명하려고 합니다.

지구는 자전하기 때문에 모든 물체는 '원심력'을 받습니다. 원심력이란 원운동을 할 때 발생하는 관성력(겉보기 힘)을 말합니다. 이 원심력과 만유인력이 합쳐져 지표에 작용하는 중력이 됩니다. 물체가 떨어지는 방향은 지표에 발생하는 중력의 방향이지요. 따라서 사실상 적도와 북극, 남극을 제외하면, 물체는 지구의 중심에서 아주 살짝 어긋난 방향으로 떨어집니다.

학교에서 배우는 물리학에서는 보통 '중력'을 지구상의 물체와 물체 사이에 작용하는 힘으로 한정해서 사용하는 경우가 많아요. 하지만 이

지구상의 물체에 작용하는 '중력'

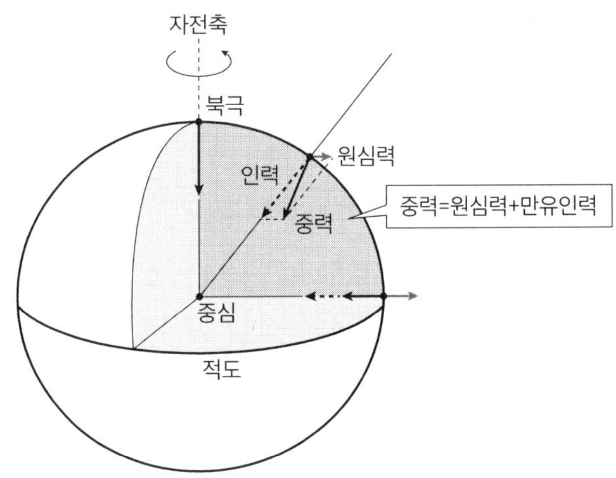

론 물리학에서는 중력이 종종 만유인력을 뜻하기도 합니다. 그래서 이 책에서는 앞으로 중력이라는 말을 만유인력의 의미로도 사용하기로 하고, 지표에서 작용하는 중력을 말할 때는 구체적으로 그렇게 표현하려고 합니다. 실제로 다음 장에서 소개할 아인슈타인의 일반 상대성 이론에서는 만유인력과 원심력 같은 관성력이 하나로 다뤄지기 때문에, 그 차이가 분명히 나눠지지 않습니다. 그러니 여기부터는 만유인력과 중력이라는 두 용어의 차이를 크게 신경 쓰지 않아도 좋습니다.

많은 과학자의 피와 땀, 그리고 한 천재의 번뜩인 아이디어

뉴턴은 두 물체 사이의 거리가 두 배로 멀어지면 만유인력이 4분의 1로 약해지고, 거리가 세 배 멀어지면 9분의 1로 약해진다고 생각했습니다. 즉 '만유인력은 거리의 제곱에 반비례해 약해진다'고 예측했지요. 이를 '역제곱 법칙'이라고 부릅니다.

만유인력의 법칙을 공식으로 나타내면, '만유인력$=G \times Mm/r^2$'입니다. 여기서 M과 m은 두 물체의 질량을 뜻하고, r은 물체 간의 거리를 나타내요. G는 '뉴턴의 중력 상수'라고 불리는 정수인데, 구체적인 값은 '$G=6.67 \times 10^{-11} m^3 kg^{-1} s^{-2}$'입니다. 식이 다소 복잡해 보일 수 있지만, '두 물체 사이에 작용하는 만유인력은 각 질량에 비례하고, 두 물체 간의 거리의 제곱에 반비례한다'는 내용을 나타냅니다. 예를 들어 지구가 사과에 미치는 만유인력의 값을 구할 때, 거리 r은 '지구의 중심에서의 거리'를 의미합니다.

그런데 뉴턴은 왜 '만유인력은 거리의 제곱에 반비례하여 약해진다'고 생각했을까요? 그 실마리는 케플러의 세 번째 법칙에 있었습니다. 케플러는 제3법칙을 천체 관측에 바탕을 두고 이끌어냈지만, 성립하는 이유를 결국 밝혀내지는 못했습니다. 반대로 뉴턴은 먼저 '만유인력은 거리의 제곱에 반비례한다'고 예측한 뒤, 자신이 세운 뉴턴 역학을 바탕으로 행성의 운동을 계산해봤습니다. 다시 말해, 힘(F)에 중력을 대입해서 운동 방정식을 풀어본 것이지요. 그렇게 해서 행성의 운동 궤도가 확실히 타원이라는 답을 얻었고, 이를 통해 운동 방정식이 옳다는 것을 확증했습니다. 관측 결과와 이론이 완전히 일치했던 셈입니다. 이로써 뉴턴은 케플러의 세 번째 법칙을 이론적으로 설명해내는 데 성공했습니다. 뉴턴 역학과 만유인력의 법칙은 이 성과 덕분에 높이 평가받았고, 세상에서도 인정받게 되었습니다.

하지만 애초에 관측 데이터는 튀코 브라헤가 16년 동안 정밀하게 관측해서 모은 것이었다는 사실을 생각하면, 물리학이란 많은 과학자의 노력이 쌓이고 쌓인 결과이며, 결코 단 한 사람의 천재 물리학자가 허허벌판에서 번뜩인 생각만 가지고 이끌어낼 수 있는 것은 아니라는 사실을 알 수 있을 거예요. 저 역시 그러한 지식의 축적을 후세에 남기기 위해 매일 연구에 힘쓰고 있습니다.

달은 계속 떨어지고 있기 때문에 사라지지 않는다

여기서 다시 뉴턴이 만유인력을 발견했을 때의 이야기로 돌아가볼게요. '사과가 나무에서 땅으로 떨어지는 것도, 달이 지구 주위를 도는 것도 모두 똑같이 만유인력 때문이라는 사실을 짚어낸 것이다.' 이 말은 과연 무슨 뜻일까요?

먼저 땅에서 공중을 향해 비스듬히 위로 공을 던진다고 상상해보세요. 갈릴레오가 발견한 것처럼, 공은 포물선을 그리며 결국 땅으로 떨어집니다. 만약 만유인력이 없었다면, 공은 떨어지지 않고 비스듬히 위로 계속 직선 운동을 했겠지요. 하지만 실제로는 만유인력이 작용하기 때문에 어떤 점에서 정점을 찍고 나서 땅을 향해 하강하기 시작합니다.

이번에는 달의 운동에 대해 생각해볼게요. 만약 지구에서 만유인력이 작용하지 않는다면, 달은 관성의 법칙에 따라 원래 운동 속도와 방향을 유지한 채 지구 주위에 머무르지 않고 똑바로 날아가 사라지게 됩니다. 하지만 실제로는 만유인력으로 지구가 끌어당기는 힘 때문에 달은 진행 방향을 바꾸게 되는 거예요. 즉 관성의 법칙을 따르는 직선 경로와 실제 원운동 궤도 사이의 차이만큼 달은 항상 지구를 향해 낙하하고 있는 것이라고 할 수 있겠지요.

여기서 분명히 '공을 던지면 땅으로 떨어지는데, 달은 왜 땅으로 떨어지지 않을까?' 하고 의문을 품는 사람이 나올 거예요.

공이 땅으로 떨어지는 이유는 공의 궤도가 땅과 교차하기 때문입니다. 지구는 둥글기 때문에 땅은 평평하지 않고 살짝 휘어 있습니다. 그래서 공의 속도를 점점 올려서 먼 곳까지 날리면, 공이 낙하하는 폭과 지구의 곡률로 인해 땅이 내려가는 폭이 일치하여 공과 땅 사이의 거리가 줄어들지 않게 됩니다. 그 결과, 공은 달처럼 땅과의 거리를 일정하게 유지한 채 지구 주위를 계속 돌게 되지요.

이때의 속도를 '제1 우주 속도'라고 하며, 구체적으로는 초속 7.9킬로미터입니다. 속도가 더 올라가서 초속 11.2킬로미터가 되면, 지구의 중력을 뿌리치고 지구를 벗어날 수 있습니다. 이 속도를 '제2 우주 속도' 또는 '탈출 속도'라고 부릅니다. 그러나 지구의 중력을 벗어난 뒤에는 태양의 중력에 잡히게 됩니다. 태양의 중력을 뿌리치고 태양계 밖으로 날아가는 데 필요한 속도는 초속 16.7킬로미터이며, 이를 '제3 우주 속도'라고 합니다.

원운동(정확히는 원에 가까운 타원 운동)을 하는 달은 만유인력의 영향을 받아 지구 중심 방향으로 가속도를 갖게 됩니다. 따라서 원운동

달이 지구 주위를 도는 이유

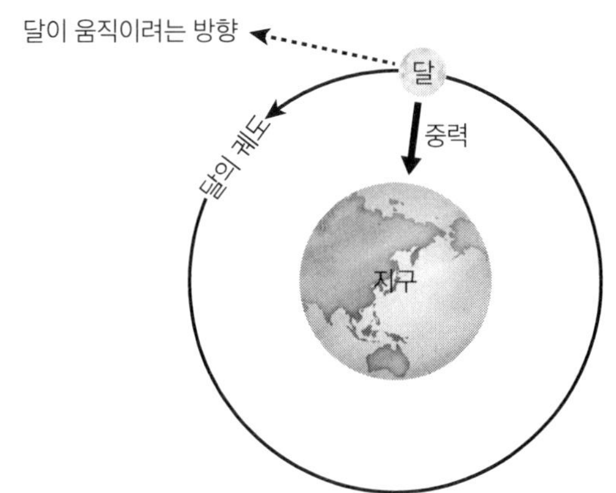

은 곧 가속도 운동이라고 할 수 있습니다. 달의 시점에서 보면, 달은 가속도 운동을 하고 있기 때문에 지구와 반대 방향으로 원심력이 작용합니다. 이렇게 해서 달의 시점에서는 원심력과 지구에서 오는 만유인력이 서로 균형을 이루기 때문에 달이 지구로 떨어지지 않고 지구 주위를 계속 돌게 되는 것입니다.

'뉴턴 역학'은 어떻게 바로 받아들여졌을까?

여기서 한번 뉴턴의 깨달음과 고찰을 복습하는 시간을 가져볼게요.

먼저 만유인력의 법칙에 따르면, 질량이 있는 물질들 사이에는 반드시 서로 끌어당기는 힘이 작용합니다. 사과에는 질량이 있기 때문에 지구는 사과를 끌어당깁니다. 동시에 작용 반작용의 법칙에 따라 사과 역시 지구를 끌어당깁니다. 하지만 지구의 질량이 사과와는 비교할 수 없을 만큼 크기 때문에 지구는 꿈쩍도 하지 않습니다. 그래서 사과만 만유인력의 영향을 받아 지구로 끌려가 떨어지는 것처럼 보이는 것이지요. 이 만유인력은 지구와 달 사이에도 작용합니다. 지구가 달을 끌어당기지 않았다면, 달은 지구 주위를 돌지 않고 우주 속으로 날아가 버렸을 거예요. 달이 지구 주위를 돌고 있는 것도 바로 만유인력 덕분입니다.

뉴턴은 운동 방정식을 이용해 이러한 고찰이 옳다는 것을 이론적으로 확인했습니다.

이는 기존의 상식을 180도 뒤집는 엄청난 발견이었기에, 혹여나 갈릴레오처럼 박해받지 않을까 걱정했지만, 시대의 변화는 뉴턴의 편이었습니다. 운 좋게도 코페르니쿠스나 갈릴레오의 시대와 달리, 이때는 기독교와 학계 사이의 전쟁이 거의 끝나가고 있었습니다. 게다가 뉴턴은 하급 귀족으로 왕립협회의 회장까지 맡았던 권력자였습니다. 왕립협회는 1660년에 런던에 설립된 민간 과학 단체입니다. 이런 배경 덕분에 뉴턴의 역학은 기독교 협회의 반론이나 박해를 받지 않고 순조롭게 받아들여졌습니다. 그리고 뉴턴의 발표 이후, 100년, 200년에 걸쳐 물리학은 기본적으로 그가 이끌어낸 중력의 법칙을 바탕으로 발전하게 되었습니다.

상대성 원리, 그 심오한 세계

여기서 운동의 제1법칙인 관성의 법칙을 조금 더 깊이 들여다보겠습니다. 관성의 법칙은 물리학자의 눈으로 보면, 사실 더 심오한 의미를 담고 있습니다. 예를 들어 우주 공간에 A와 B라는 두 우주선만 존재한다고 가정해볼게요. 그리고 이 두 우주선은 서로 똑같은 속도로 멀어지고 있습니다. 여기서 A가 '나는 멈춰 있어. 멀어지고 있는 건 너야.'라고 주장했더니, B는 '무슨 소리야? 멈춰 있는 건 나야. 네가 멀어지고 있잖아.'라며 반박했습니다. 이때 A와 B 중에서 누구 말이 맞는지 어떻게 판단할 수 있을까요?

실제로는 A와 B가 둘 다 움직이고 있을 수도 있고, A와 B 중 한쪽만 움직이고 있을 수도 있습니다. 우주 공간에는 이 A와 B만 존재하기 때문에 명확한 정답은 없습니다. 물리적으로 의미가 있는 것은 A와 B 사이의 상대 속도뿐입니다. 같은 속도로 움직이고 있다면, A와 B가 둘 다 움직이든 A만 움직이든 B만 움직이든 결과는 똑같습니다. 바꿔 말하면, 이런 문장들은 모두 등가 관계에 있습니다. 이것을 갈릴레오의 '상대성 원리'라고 부릅니다.

'움직이는 물체는 힘을 받지 않는 한, 같은 속도로 계속 움직인다.'라는 말은, 같은 속도로 움직이는 물체는 멈춰 있다고 생각해도 좋다는 뜻입니다. 같은 속도로 움직이는 물체라면 모두 '나는 멈춰 있다.'라고 주장할 권리가 있는 것이지요. 왜냐하면 A와 B밖에 존재하지 않는 경우, A의 주장과 B의 주장 중에서 누구의 말이 정답인지는 원리적으로 알 수 없기 때문입니다.

가령 우주에 좌표축이 있고 그 안에서 물체가 같은 속도로 움직이는 경우, 그 물체의 좌표축은 우주의 좌표축보다 높거나 낮은 것이 아니라 동등한 것입니다. 이것이 바로 갈릴레오의 상대성 원리입니다. 다시 말해, 물체의 좌표축을 우주의 좌표축으로 삼아도 전혀 문제가 없습니다. 이처럼 멈춰 있다고 주장할 수 있는 일련의 좌표계를 '관성계'라고 부릅니다.

그렇다면 A와 B가 같은 속도로 움직이는 것이 아니라, 가속하면서 멀어지고 있다면 어떨까요? 이때는 A와 B 사이에 상대성이 성립할까요? 바꿔 말하면, A는 자신이 멈춰 있고 B가 가속하면서 멀어진다고 주장할 수 있고, B 역시 마찬가지로 자신이 멈춰 있고 A가 가속하면서 멀어진다고 주장할 수 있을까요? 결론부터 말하자면, '서로 가속하는 경우에는 상대성이 성립하지 않는다.'라는 것이 뉴턴이 내린 답이었습니다. 이것이 바로 운동의 제2법칙인 운동 방정식이 말해주는 바이지요. 뉴턴은 '힘이 가해진 물체는 가속도 운동을 한다.'라고 주장했습니다. 가속하려면 어떠한 힘이 반드시 필요합니다. 따라서 A와 B가 가속하면서 멀어지는 상황에서는, 적어도 둘 중 하나에는 추진력이 작용하고 있다는 뜻이지요. 그리고 이 추진력이 작용하는 쪽이 바로 가속하는 쪽입니다.

이는 가속하는 좌표계가 관성계가 아니라는 사실을 뜻합니다. 두 경우는 등가가 아니라는 것이지요. 예를 들어 전철이 시속 50킬로미터로 계속 움직이고 있다면, 그 안에 타고 있는 사람은 전철이 움직이고 있다는 사실을 느끼지 못합니다. 하지만 가속하는 경우에는 시속 50킬로미터에서 60킬로미터, 70킬로미터, 80킬로미터…… 이렇게 속도가 점점 올라가면서, 진행 방향과 반대 방향으로 관성력을 느끼게 됩니다. 이처럼 가속하는 시스템에서는 가속하지 않는 시스템과는 확연히 다른 현상이 일어나는 것입니다.

'미적분학'의 창시를 둘러싼 치열한 다툼

일반적으로 뉴턴 역학을 사용할 때는 시시각각 변하는 가속도나 속도 아래에서 물체의 위치가 어떻게 변하는지를 계산해서 이끌어내야 합니다. 그때 필요한 것이 '미적분학'입니다. 지금은 미적분학이 물리학 세계에서 빠질 수 없는 존재가 되었습니다. 뉴턴은 그런 미적분학을 시도 때도 없이 변화하는 물체의 위치나 속도를 구하기 위해 창시했습니다.

실제로 일반적인 경우에 위치나 속도를 구하는 일은 결코 쉬운 일이 아닙니다. 예를 들어 차의 속도가 시속 50킬로미터를 일정하게 유지하며 2시간을 달린다고 하면, 50×2=100킬로미터라는 사칙연산으로 위치 변화를 간단히 구할 수 있습니다. 그러나 실제로는 차의 속도가 항상 시속 50킬로미터를 유지할 수는 없습니다. 시속은 시간이 지나면서 변하기 마련입니다. 이럴 때는 단순한 사칙연산으로는 위치 변화를 구할 수 없지요. 하지만 미적분학을 사용하면 가속도를 적분해 속도 변화를 구하고, 속도를 적분해 위치 변화를 구할 수 있습니다. 그와 반대로 위치를 미분하면 속도를, 속도를 미분하면 가속도를 구할 수도 있습니다.

뉴턴은 미적분학을 1665년경에 발견했다고 합니다. 그러나 철저한 비밀주의자였던 그는 뉴턴 역학과 마찬가지로 그 성과를 바로 공표하지는 않았습니다. 그가 미적분학에 관한 논문인《구적론》을 발표한 것은 무려 약 40년이나 지난 1704년의 일이었습니다.

사실 미적분학에는 창시자가 한 사람 더 있었습니다. 바로 독일의 수학자 고트프리트 빌헬름 라이프니츠입니다. 라이프니츠는 독자적으로 미적분학을 연구하여 뉴턴의《구적론》보다 약 20년 빠른 1684년에 연구 성과를 발표했습니다. 이 일이 불씨가 되어, 뉴턴과 라이프니츠 사이에 누가 미적분학의 창시자인지를 두고 치열한 논쟁이 벌어지게 되었습니다.

사실 1665년 당시, 뉴턴이 쓴 미적분학에 관한 논문의 사본은 극히 일부의 동료들 사이에서만 유통되고 있었습니다. 라이프니츠가 우연히 런던을 찾았을 때, 운 나쁘게도 그 논문의 사본을 읽게 되었지요. 하지만 라이프니츠가 읽은 것은 미적분학이 쓰인 페이지가 아니었다고 합니다. 그런데 라이프니츠가 뉴턴의 논문 사본을 읽었다는 사실을 알고 있던 한 스위스 수학자가 '라이프니츠가 뉴턴의 아이디어를 베꼈다'는 이야기를 넌지시 암시했습니다. 이 일을 계기로 뉴턴과 라이프니츠의 치열한 논쟁이 시작되었습니다.

그 치열한 논쟁에 종지부를 찍기 위해, 라이프니츠는 1711년에 영국 왕립협회에 최종 판단을 내려달라고 요청했습니다. 그러나 돌아온 것은 '뉴턴이야말로 미적분학의 첫 발견자'라는 조사 결과였습니다. 그 당시 라이프니츠는 뉴턴이 왕립협회의 실질적인 회장이라는 사실을 몰랐습니다. 사실 뉴턴은 왕립협회의 조사 결과를 뒤에서 조작했던 것입니다. 결국 라이프니츠는 미적분학의 발상을 훔쳤다는 오명을 쓴 채, 1716년에 세상을 떠났습니다. 오늘날에는 뉴턴과 라이프니츠가 미적분학을 각각 독자적으로 발견했다는 사실이 인정되었지만, 라이프니츠는 아마 속이 문드러지지 않았을까요? 실제로 현재 우리가 고등학교 수학 수업에서 배우는 미적분학의 대부분은 라이프니츠가 만든 것입니다. 그의 미적분학은 난해한 이론을 간결한 기호로 정리했다는 이유로 지지를 받고 있지요. 우리가 쓰고 있는 미적분학의 기호를 만들어낸 사람이 바로 라이프니츠랍니다.

'전자기력'의 발견

물질에 작용하는 힘에는 여러 종류가 있습니다. 뉴턴은 처음에 중력을 생각했지만, 자연계에는 중력 말고도 마찰력이나 부력, 탄성력 등 다양한 힘이 존재합니다. 그리고 뉴턴 역학 덕분에, 힘만 알 수 있다면 물체의 운동을 완벽히 예측할 수 있게 되었습니다. 그로 인해 이후에는 자연에 또 어떤 힘들이 존재하는지 알아내는 것이 물리학이 풀어낼 과제로 보였습니다. 그러나 어떤 힘이 존재하는지 알아내기란 그리 간단한 일이 아니었지요.

그러던 가운데, 중력에 버금가는 중대한 발견이 있었습니다. 그것은 바로 '전자기력'입니다. 이 전자기력은 전기와 자기의 힘을 통틀어서 말하는 개념입니다.

여기서는 전자기력의 역사를 간단히 되돌아보려고 합니다.

'전기'라는 말을 처음 사용한 사람은 영국의 의사이자 물리학자인 윌리엄 길버트였습니다. 1600년에 출판한 《자석론》에서는 호박 등이 물체를 끌어당기는 작용(정전기력)을 호박의 그리스어인 'Electrum'에서 따와, 'Electrica(일렉트리카)'라고 명명했습니다. 이 말이 오늘날 'Electricity(전기)'라는 단어의 어원이 되었지요. 길버트는 의사로 일하면서도 틈틈이 정전기와 자석 연구에 몰두했습니다. 일찍이 지동설을 지지했던 그는 《자석론》에서 지구가 거대한 자석이라는 사실을 제시했고, 자기의 근본적인 성질을 명확히 밝혔습니다. 그러나 《자석론》이 출간된 후에 갈릴레오를 비롯한 몇몇 학자들이 전기에 관심을 갖고 연구를 이어가긴 했지만, 그 후 100년이 넘도록 전자기력에 관한 큰 진전은 없었습니다.

이러한 상황은 1750년 이후 큰 변화를 맞이했습니다. 미국의 정치가이자 물리학자, 기상학자이기도 한 벤저민 프랭클린이 연날리기 실험을 통해 번개가 전기라는 사실을 증명하고, 피뢰침을 발명했습니다. 프랭클린은 미국의 독립에도 깊이 관여해 '미국 건국의 아버지'라고 불리는데, 동시에 '전기의 아버지'라는 수식어도 갖고 있습니다.

또한 1785년부터 1789년에 걸쳐 프랑스의 물리학자 샤를 드 쿨롱은 전기를 띤 물체에는 플러스(+)와 마이너스(-)라는 두 가지 전하(부호)가 존재한다는 사실을 밝혀냈습니다. 같은 부호끼리는 서로 밀어내고, 다른 부호끼리는 끌어당기는 힘이 작용합니다. 또한 그 힘은 전기의 크기에 비례하고, 물체 간 거리의 제곱에 반비례한다는 사실도 발견했습니다. 이를 '쿨롱의 법칙'이라고 부릅니다.

여기서 뉴턴의 만유인력의 법칙을 떠올려볼까요? 두 물체가 있고 각각의 질량을 M과 m이라고 하면, 두 물체 사이에 작용하는 중력(만유인력)은 M과 m 모두에 비례합니다. 또한 두 물체 사이의 거리가 2배가 되면 힘은 4분의 1이 되고, 거리가 3배가 되면 힘은 9분의 1이 되듯이, 물체 간 거리의 제곱에 반비례합니다. 앞서 이를 역제곱의 법칙이라고 부른다고 설명했습니다. 한편, 전기의 경우에는 물체의 전하를 Q로 나타내는데, 여기서 전하란 물체가 띠고 있는 전기를 뜻합니다. 쿨롱의 법칙에 따르면, 두 물체의 전하를 Q와 q라고 했을 때 전기력은 Q와 q 모두에 비례합니다. 또한 두 물체 사이의 거리가 2배가 되면 힘은 4분의 1이 되고, 거리가 3배가 되면 힘은 9분의 1이 됩니다. 즉 역제곱의 법칙은 만유인력의 법칙뿐 아니라 쿨롱의 법칙에도 적용되는 규칙이었던 것이지요.

'전자기학'을 확립한 맥스웰

1820년, 프랑스의 물리학자이자 수학자인 앙드레 마리 앙페르는 전선을 원형으로 만들어 전류를 흘려보내면, 자석과 같은 현상이 일어난다는 사실을 실험을 통해 확인했습니다. 그리고 이 발견을 바탕으로 '앙페르의 법칙'을 발표했지요. 이 법칙은 전류가 흐를 때 주위에 만들어지는 자기의 방향과 크기를 나타냅니다. 좀 더 구체적으로 말하면, 일정한 전류가 흐를 때 그 주변에는 동심원 모양의 자기가 생기고, 전류의 방향을 오른나사의 진행 방향으로 정하면 자기의 방향도 그 회전 방향과 일치한다는 내용입니다. 이러한 성질을 '앙페르의 오른나사 법칙'이라고 부릅니다.

그리고 앙페르는《새로운 전기역학에 대한 실험》이라는 제목의 인쇄물을 발행했습니다. 여기서 그는 '전기역학'이라는 말을 처음으로 사용했으며, 전기와 자기의 동일성에 대해서도 서술했습니다. 현재는 전기가 자기를, 자기가 전기를 발생시키기 때문에 전기와 자기는 표리일체의 관계라는 사실이 밝혀졌지요. 앙페르는 인쇄물에서 이러한 관계를 정리했기에 전자기학의 창시자 중 한 사람으로 꼽힙니다.

게다가 1831년에는 영국의 화학자이자 물리학자인 마이클 패러데이가 '전자유도'라고 불리는 현상을 발견했습니다. 이는 전류와 자기의 상호 작용을 나타내는 것으로, 전선에 전류가 흐르면 전선 주위에 자기가 생기고, 그 자기가 전선 주위에서 변화하면 다시 전선에 전류가 흐른다는 현상입니다. 또한 패러데이는 전기나 자기에 따른 현상을, 공간으로 퍼지는 개념인 '전자장'으로 새롭게 인식했습니다. 이 '장'이라는 개념은 이후의 물리학에서 점점 더 결정적인 역할을 하게 됩니다.

그리고 마침내 1864년, 영국의 물리학자 제임스 맥스웰이 패러데이 등 전기와 자기에 관한 선구자들의 업적을 정리하여 전자장을 기술하는 기초 방정식인 '맥스웰 방정식'을 발표했습니다. 당시에 그는 전기와 자기에 관한 수많은 실험 결과를 설명할 수 있는 이론을 완성하고자 했습니다. 그렇게 집대성된 것이 바로 맥스웰 방정식입니다. 이로써 전기와 자기의 움직임을 통일적으로 설명하는 이론인 '전자기학'이 마침내 확립되었습니다. 전자기학에서 뉴턴의 운동 방정식에 대응하는 것이 바로 맥스웰 방정식입니다.

또한 맥스웰은 맥스웰 방정식을 풀면서 '전자파'라는 것이 나타난다는 사실도 발견했습니다. 전자파는 전기장과 자기장이 연쇄적으로 발생하고, 상호 작용을 하며 공간을 파도처럼 나아가는 현상입니다. 그 당시에는 아직 전자파의 존재가 알려지지 않았기 때문에, 사람들은 크게 놀라며 이 사실을 받아들였습니다.

그리고 맥스웰 방정식을 사용해 전자파가 나아가는 속도를 구했는데, 초속 약 30만 킬로미터라는 값이 나왔습니다. 놀랍게도 이 값은 그 당시 실험을 통해 밝혀진 빛의 속도, 즉 광속과 완전히 일치했습니다. 마침 그 무렵에는 계측 기술이 발전하면서 빛의 속도를 계측할 수 있었습니다.

이렇게 해서 맥스웰은 빛의 정체가 전자파라는 것을 예언했습니다. 한편, 광속이 유한하다는 사실은 갈릴레오가 처음으로 지적한 바 있었지요. 그로부터 200년이 넘는 세월이 흘러, 마침내 빛이 전달되는 구조와 속도가 밝혀졌습니다. 참고로 빛(전자파)은 직진하지만 가령 지구 주위를 돌 수 있다고 친다면, 초속 약 30만 킬로미터란 1초에 지구를 7바퀴 반이나 돌 수 있는 속도입니다.

또한 1897년에는 영국의 물리학자 조지프 존 톰슨이 전자를 발견했습니다. 전선을 흐르는 전류는 사실 이 전자 묶음의 흐름입니다. 전자의 발견은 방사선의 발견과 더불어 20세기 '소립자 물리학'의 출발점이 되었지요.

이제 우리가 사는 사회는 전기 없이는 돌아가지 않습니다. 예를 들어 자석을 고속으로 회전시키면 전기가 발생하는데, 이 현상을 이용해 발전을 합니다. 수력발전, 화력발전, 원자력발전 모두 고속으로 터빈을 돌려, 회전하는 자석의 원리를 이용해 전기를 얻습니다. 자전거 페달을 밟으면 불이 켜지는 것 역시 같은 원리지요. 오늘날 우리가 이런 혜택을 누릴 수 있는 것은 모두 과학자들의 깊은 탐구심과 열정, 그리고 끊임없는 노력 덕분입니다.

빛은 모두 전자파

전자파에 대해서도 설명을 덧붙여볼게요. 우리가 인식할 수 있는 빛, 다시 말해 눈으로 볼 수 있는 빛을 '가시광'이라고 부릅니다. 가시광에는 다양한 파장의 빛이 포함되어 있으며, 파장의 길이에 따라 색깔이 다르게 인식됩니다. 파장이 긴 빛은 붉은색으로 보이고, 파장이 짧은 빛은 보라색으로 보입니다. 우리는 가시광 영역에 해당하는 파장의 빛만 인식할 수 있지만, 많은 생물이 이 영역을 벗어난 빛도 인식할 수 있다고 알려져 있습니다.

전자파의 에너지는 파장이 짧을수록 더 높아집니다. 이때 보라색 가시광보다 파장이 짧은 빛(전자파)을 '자외선'이라고 합니다. 자외선은 에너지가 높아서 피부에 닿으면 손상을 일으키는데, 우리가 흔히 아는 태닝이 바로 이 현상이에요. 이보다 에너지가 더 높은 빛(전자파)을 '엑스선(X선)'이라고 부릅니다. 엑스선은 파장이 짧아 피부는 통과하지만, 뼈는 통과하지 못합니다. 이 원리를 이용한 것이 엑스레이예요. 이 엑스선을 사용해서 엑스레이 촬영을 하는 것이지요. 또한 엑스선보다도 더 에너지가 높은 빛(전자파)을 '감마(γ)선'이라고 부릅니다. 감마선은 이른바 방사선의 일종이에요.

반대로, 붉은색 가시광보다 파장이 긴 빛(전자파)을 '적외선'이라고 합니다. 그리고 적외선보다 더 파장이 긴 빛(전자파)은 '전파'라고 부릅니다. 적외선과 전파는 에너지가 낮기 때문에 인체에 닿아도 해를 끼치지 않아요. 이러한 이유로 적외선이나 전파는 리모컨이나 무선 통신에 사용됩니다.

사실 가시광, 자외선, 적외선, 엑스선과 감마선(방사선), 전파는 우리가 편의상 붙인 이름일 뿐이고, 모두 똑같은 전자파입니다. 이 전자파들은 모두 초속 약 30만 킬로미터의 같은 속도로 이동해요.

물리학에서 말하는 '장場'의 의미

여기서는 '장場'에 대해서도 간단히 살펴보겠습니다(자세한 내용은 제

4장에서). 앞서 쿨롱의 법칙에서, 두 전하 사이에는 그 부호에 따라 서로 끌어당기거나 밀어내는 힘이 작용한다고 설명했습니다. 그러나 이러한 힘을 단순히 두 전하 사이에서만 발생한다고 보지 않고, '장'이라는 개념을 도입해서 생각할 수 있습니다. 예를 들어 플러스 전하가 있으면, 그것은 전장이라 불리는 일종의 아우라 같은 것을 주위에 내뿜습니다. 그리고 그 아우라 안에 마이너스 전하를 두면, 마이너스 전하는 그 지점에서 전장에 대응한 힘을 받습니다. 이것이 바로 쿨롱의 법칙에 따른 인력의 기원이라고 할 수 있어요. 반대로 마이너스 전하는 아우라를 내뿜지 않고 빨아들입니다. 따라서 마이너스 전하로 만들어진 전장 안에 다른 마이너스 전하를 두는 경우, 그 전하가 받는 힘은 인력이 아니라 척력이 됩니다.

'장'은 영어로는 'field'이며, 전기가 만드는 장을 전장, 자기가 만드는 장을 자장이라고 합니다. 초등학생 때 모래밭에서 자석으로 사철을 모으며 놀아본 적이 있거나, 과학 실험 때 사철을 이용해 자력선이 N극에서 나와 S극으로 들어가는 모습을 본 사람이 있을 겁니다. 이것은 자장이 실제로 눈에 보이는 예시입니다.

새롭게 떠오른 의문

이처럼 19세기에 들어서면서, 중력과는 다른 힘인 전자기력이 자연에 존재한다는 사실이 밝혀지기 시작했습니다.

특히 패러데이와 맥스웰이 빛의 정체를 밝혀내어 전자기학을 확립하자, 당시에는 '이제 물리학은 완성되었다.'라고 생각한 과학자들도 있었습니다. 하지만 여기서 새로운 의문이 생겨났습니다.

갈릴레오의 상대성 원리에 따르면, '관성계에 대해 등속으로 움직이는 좌표계는 모두 등가'입니다. 이는 속도의 개념이 오직 상대 속도로만 의미를 갖는다는 것과 마찬가지입니다. 예를 들어 자동차가 시속 50킬로미터로 달린다고 생각해보세요. 그러나 실제로 지구는 빠른 속도로 자전하고 있기 때문에 자동차는 지구 기준 속도보다 더 빠르게 움직이고 있다고 말할 수 있겠지요. 게다가 지구는 태양 주위를 공전하고 있고 태양계 자체도 은하 중심을 돌고 있으니, 자동차는 실제로 그보다 훨씬 더 빠른 속도로 움직이고 있는 셈입니다. 즉 자동차가 시속 50킬로미터로 달린다고 할 때는 '지구 위에서'라는 조건이 생략된 것이며, 실제로는 상대 속도를 말하는 것입니다.

그러나 맥스웰 방정식을 풀면, '무엇에 대한 속도인가'라는 정보가 없어도 전자파 속도가 초속 약 30만 킬로미터라는 것을 산출할 수 있습니다! 이렇게 되면 자연스레 '맥스웰이 산출한 전자파의 속도는 대체 어느 관점에서 본 속도인가?'라는 의문이 떠오르게 됩니다. 이는 갈릴레오의 상대성 원리와 모순되는 것처럼 보였기 때문에, 당시에는 큰 문제로 받아들여 졌습니다.

처음에는 '역시 우주에 대한 속도라는 것이 존재하는 것 아닐까?'라는 궁금증이 생겼습니다. 즉 초속 약 30만 킬로미터는 '우주에 대한 속도'라는 개념이지요. 하지만 만약 이 생각이 옳다면, 갈릴레오의 상대성 원리가 틀렸거나, 적어도 큰 수정을 해야 할 처지에 놓입니다. 왜냐하면 물체 사이의 상대 속도뿐만 아니라, 물체의 '우주에 대한 속도'라는 절대적인 속도 개념이 존재한다는 뜻이니까요. 그래도 당시에 많은 물리학자들이 이렇게 생각했습니다.

그때 등장한 인물이 바로, 당시 독일에 살던 천재 이론 물리학자 아인슈타인이었습니다. 그는 '맥스웰 방정식이 초속 약 30만 킬로미터라고 말하고 있으니, 빛의 속도는 누구의 시점으로 봐도 초속 약 30만 킬로미터다.'라고 한다면 어떻게 될지 생각했습니다. 얼핏 보면 이는 어리석은 생각처럼 보였습니다. 어떤 사람의 눈에 빛의 속도가 초속 약 30만 킬로미터로 보이는데, 그 사람 입장에서 초속 약 20만 킬로미터로 움직이는 다른 사람의 눈에도 빛의 속도가 똑같이 초속 약 30만 킬로미터로 보인다고 주장하는 것이나 다름없으니까요. 하지만 아인슈타인은 시간과 공간의 개념을 다시 생각하면서, 이러한 구조가 모순 없이 존재할 수 있음을 밝혀냈습니다. 이렇게 구축한 새로운 이론이 '특수 상대성 이론'입니다. 다시 말해, 아인슈타인은 갈릴레오의 원리와 맥스웰 방정식 사이에 발생한 모순을 없애기 위해 특수 상대성 이론을 구축한 것입니다. 다음 장에서는 이 특수 상대성 이론과, 이를 더욱 확장한 일반 상대성 이론을 함께 살펴보려고 합니다.

2

알쏭달쏭한
'시간'과 '공간'의 비밀을 밝히는
[상대성 이론]

Q1 아인슈타인은 언제, 그리고 어떻게 '상대성 이론'을 확립했을까?

Q2 원자와 분자의 움직임을 밝힌 '브라운 운동'이란 무엇일까?

Q3 '특수 상대성 이론'과 '일반 상대성 이론'은 어떻게 다를까?

Q4 애초에 '상대성'이란 무슨 뜻일까?

Q5 아인슈타인이 다시 던진 '시간'과 '공간'의 비밀이란?

Q6 빛의 속도에 가까워지면 정말 오래 살 수 있을까?

Q7 상대성 이론은 실제 사회에서 어떻게 활용되고 있을까?

Q8 세계에서 가장 유명한 방정식 '$E=mc^2$'은 무엇을 뜻할까?

Q9 특수 상대성 이론은 어떻게 '원자 폭탄' 개발로 이어졌을까?

Q10 일반 상대성 이론은 어떤 이론일까?

Q11 아인슈타인이 밝혀낸 '중력의 구조'란?

아인슈타인의 '기적의 해'

이제부터 아인슈타인의 '상대성 이론'에 대한 이야기를 해보려고 합니다.

먼저 아인슈타인의 일생을 간략히 돌아보겠습니다. 아인슈타인은 1879년, 독일 남부의 울름이라는 마을에서 태어났습니다. 부모님은 유대인이었고, 아버지는 전기 장비 회사를 경영했습니다. 아인슈타인은 11세가 되었을 때, 요즘으로 따지면 초등학교 5학년부터 고등학교 3학년에 해당하는 학생들이 대학 진학을 목표로 다니는 독일의 교육 기관 김나지움에 입학했습니다. 하지만 그는 혼자 깊이 파고드는 수학이나 물리 같은 과목에는 능했지만, 외국어처럼 암기가 필요한 과목에는 어려움을 느꼈습니다. 게다가 당시 독일은 독일제국 초대 재상인 비스마르크가 부국강병 정책을 추진하면서, 엄격한 군국주의 체제 아래에 교육이 이루어지고 있었습니다. 이런 분위기 속에서 아인슈타인은 김나지움에 적응하지 못하고, 15세에 퇴학을 당하게 되었습니다.

그 후 17세가 된 아인슈타인은 유럽의 명문 대학인 스위스의 취리히 연방 공과대학에 합격하여, 수학과 물리학 전문 교원 양성 과정에 진학했습니다.

대학에서 아인슈타인은 강의에 많이 출석하지 않고, 자신이 흥미를 느끼는 맥스웰 전자기학이나 수학의 한 분야인 기하학에만 몰두했습니다. 이러한 시간은 훗날 상대성 이론을 발견하는 계기가 되었습니다.

그러나 아인슈타인은 대학의 물리학부장이자 지도 교수였던 베버와 사이가 좋지 않아, 졸업 후에도 대학에서 조수로 일할 기회를 얻지 못했습니다. 결국 2년 동안 백수 생활을 한 끝에, 1902년에 친구의 도움으로 스위스 특허국에 취직했고 마침내 안정적인 수입을 얻을 수 있게 되었습니다.

특허국 직원이었던 아인슈타인은 매일 특허 심사 업무를 빠르게 해치우고, 남는 시간을 연구에 쏟아부었습니다. 그리고 1905년 3월부터 6월까지 매월 한 편씩, 총 네 편의 논문을 발표했습니다. 이 중 3월에 발표한 '광양자 가설', 5월에 발표한 '브라운 운동 이론', 6월에 발표한 '특수 상대성 이론'이 훗날 물리학 세계에 대변혁을 가져오게 되었습니다. 그래서 1905년은 '기적의 해'라고 불리게 되었습니다.

20세기 이후, '상대성 이론', '양자론', '통계역학'은 물리학의 세 기둥으로 자리 잡았습니다. 이 중에서 상대성 이론은 아인슈타인이 거의 혼자서 확립한 이론이지만, 광양자 가설은 양자론의 발전에, 그리고 기적의 해보다 조금 이른 1902년부터 1903년에 걸쳐 발표한 '비평형 통계역학' 논문과 브라운 운동 이론은 통계역학의 발전에 크게 기여했습니다. 이런 점에서 아인슈타인은 20세기 이후의 물리학에 가장 큰 영향력을 발휘한 인물이라고 할 수 있겠지요. 게다가 그는 이 위업을 26세라는 어린 나이에, 그것도 특허국 직원 시절에 이루어낸 것입니다. 아인슈타인은 훗날 그 시절을 회고하며, '특허국 심사 업무는 매우 복잡한 기술 신청이 들어오면 그 기술의 본질을 즉각 파악하는 일이었다. 그렇게 매일 훈련했던 것들이 나중에 연구자로서의 인생에 크게 도움이 되었다.'라고 말했습니다.

노벨 물리학상을 받은
'광양자 가설'

먼저 1905년 3월에 발표한 광양자 가설에 대해 간단히 설명하겠습니다. 광양자 가설은 양자론 탄생의 토대가 된 매우 중요한 가설이기 때문에 제3장 '양자론'에서도 다시 다룰 예정입니다.

광양자 가설이란, '파동'이라고 여겼던 빛의 정체가 사실은 '알갱이'이기도 하다는 내용입니다. 아인슈타인은 '광전 효과'라는 현상을 연구하면서, 이 현상을 이해하기 위해서는 빛을 작은 입자라고 생각해야 한다고 설명했습니다. 광전 효과란 금속에 파장이 긴 적외선을 비추었을 때는 아무 일도 일어나지 않지만, 파장이 짧은 자외선을 비추면 금속에서 전자가 튀어나오는 현상입니다. 아인슈타인은 이 현상을 '빛을 파동이라고만 생각하면 설명이 되지 않지만, 빛을 입자(광양자)라고 생각하면 설명할 수 있다.'라고 주장했습니다. 그는 파장이 긴 빛보다 파장이 짧은 빛이 입자 하나당 에너지가 더 높기 때문에 전자를 튀어 나가게 할 수 있다고 보고, 이론을 정립해나갔습니다.

한편으로, 빛이 파동이라고 생각하지 않으면 설명할 수 없는 현상도 아주 많습니다. 결국 사람들은 '빛은 파동이면서 동시에 알갱이이기도 하다.'라는 이중성을 인정할 수밖에 없었습니다. 광양자 가설은 이러한 빛이나 전자 등 양자에 관한 신비한 성질을 풀어내기 위해 생겨난 '양자론'의 중요한 출발점이 되었습니다. 아인슈타인은 이 광양자 가설의 공적을 인정받아 1921년에 노벨 물리학상을 받았습니다.

원자와 분자의 존재를 밝힌 '브라운 운동 이론'

이어서 아인슈타인은 1905년 5월에 '브라운 운동 이론'을 발표했습니다. 브라운 운동이란 대체 무엇일까요? 사실 우리 생활과 매우 밀접하며, 누구나 일상에서 쉽게 관찰할 수 있는 현상입니다.

기체나 액체 속의 분자들은 열에너지 때문에 끊임없이 운동하고 있습니다. 이 분자들이 기체나 액체 속에 떠 있는 미립자와 계속해서 충돌하기 때문에 미립자는 이리저리 불규칙하게 움직이게 됩니다. 이러한 미립자의 운동을 브라운 운동이라고 합니다. 브라운 운동은 온도가 높을수록 그 움직임이 더욱 격렬해집니다.

'브라운 운동'은, 이 운동을 처음 발견한 영국의 식물학자 로버트 브라운의 이름을 땄습니다. 1827년, 그는 꽃가루를 물속에 넣고 현미경으로 관찰했습니다. 그리고 그때 꽃가루에서 나온 미립자들이 불규칙하게, 그리고 끊임없이 움직인다는 사실을 발견했습니다. 하지만 그는 운동의 원인을 밝혀내지는 못했습니다.

당시에는 원자나 분자 같은 아주 작은 물질이 존재한다는 생각이 개념적으로 추측되었을 뿐, 실제로 존재한다고 믿는 과학자는 거의 없었습니다. 지금처럼 고성능 현미경도 없었기 때문에, 그 존재를 관측해서 확인할 수도 없었지요. 그런데 미립자 주위에 있는 기체나 액체 분자들 때문에 브라운 운동이 생긴다고 추측한 사람이 바로 아인슈타인이었습니다. 그는 미립자의 크기와 움직임을 통해 미립자에 부딪히는 분자의 크기를 수학적으로 산출해냈습니다. 그리고 그 결과를 논문으로 발표한 것이지요. 그는 이 논문으로 박사 학위를 받았습니다.

그리고 그 후, 프랑스의 물리학자 장 바티스트 페랭이 브라운 운동에 관한 정밀 실험을 했고, 아인슈타인의 이론이 옳다는 사실을 실험적으로 증명했습니다. 그 결과, 물질이 분자로 이루어져 있다는 사실이 처음으로 실험을 통해 밝혀졌습니다. 마침내 많은 사람이 원자와 분자가 실재한다는 사실을 믿게 되었지요. 페랭은 이러한 업적을 인정받아 노벨 물리학상을 받았습니다.

이처럼 브라운 운동은 세계 최초로 원자와 분자의 존재를 증명했다는 점에서 과학 역사상 매우 중요한 의미를 가집니다.

이러한 미립자를 화학 분야에서는 '콜로이드 입자'라고 부르고, 미립자가 기체나 액체 속에 균일하게 퍼져 있는 상태를 '콜로이드'라고 부릅니다. 예를 들어 먼지가 많은 방에 햇빛이 비치면 빛줄기가 보일 때가 있습니다. 이는 공기 중에 떠 있는 먼지나 티끌이 콜로이드 입자로서 분산되어 있기 때문에 나타나는 현상으로, '틴들 현상'이라고 합니다. 우유나 잉크가 불투명해 보이는 것도 콜로이드 입자가 들어온 빛을 산란시키기 때문입니다. 투명한 홍차에 우유를 부으면 불투명해지는 것도 같은 이유입니다. 그 밖에 버터, 마요네즈, 젤리 등도 모두 콜로이드입니다. 이렇게 우리 주변에는 다양한 형태의 콜로이드가 존재합니다.

통계역학의 중요성을 일찍이 알아본 아인슈타인

또한 1902년과 1903년에 발표한 '비평형 통계역학'에 관한 논문과 브라운 운동 법칙에 관한 논문은 통계역학에도 큰 영향을 미쳤습니다. 지금은 물질이 무수한 원자나 분자로 이루어져 있다는 사실을 누구나 다 알지요. 이러한 대규모 집단의 운동을 통계적 지식을 활용해 이해하려는 것이 통계역학입니다. 통계역학은 19세기에 완성된 물리학 분야의 '열역학'을 현대적으로 재구성한 학문입니다.

열역학은 미시적 세계 속 물질의 움직임, 특히 열을 주고받는 것에 관한 이론인데, 산업혁명에서도 중요한 역할을 했습니다. 통계역학은 이 미시적 세계에서의 열에 관한 이론을, 원자나 분자가 뉴턴 역학에 따른다는 전제하에 미시적 법칙으로부터 도출해내려는 시도로 시작되었습니다. 그 후, 열은 원자나 분자의 진동 때문에 발생하며, 진동은 곧 운동의 일종이기 때문에 열역학은 실제로 원자나 분자의 역학에서 비롯된다는 것이 확인되었습니다.

오스트리아 출신의 물리학자 루트비히 볼츠만은 열역학 분야에 처음으로 통계역학을 도입한 인물이었습니다. 그러나 앞서 말했듯이, 그 당시에는 원자나 분자를 단지 개념적인 것으로 여겼고, 실제로 존재한다고 믿는 과학자는 드물었습니다. 그래서 볼츠만은 실증주의적 관점에서 원자의 존재를 부정하는 과학자들과 격렬히 대립하게 되었습니다. 이러한 갈등 때문에 결국 그는 말년에 정신 질환에 시달리다, 이탈리아의 아드리아해를 바라보는 휴양지에서 실의에 빠져 스스로 목숨을 끊고 말았습니다. 그에 대하여, 통계역학의 중요성을 일찍이 알아보고 빛을 비춘 사람이 아인슈타인이었습니다.

'상대성 이론'에는 두 가지가 있다

아인슈타인은 1905년 6월 '특수 상대성 이론'을 발표했습니다. '상대성 이론'에는 '특수 상대성 이론'과 '일반 상대성 이론'이 있는데, 특수 상대성 이론을 먼저 발표했습니다.

1905년 6월 당시, 아인슈타인은 광양자 가설과 브라운 운동 이론을 통해 일부 물리학자들 사이에서 이미 잘 알려진 존재가 되어 있었습니다. 그러나 발표 초기에는 특수 상대성 이론에 대한 평가가 물리학자들 사이에서 크게 엇갈렸습니다. 상식과 너무나도 동떨어진 엉뚱한 내용이었기 때문입니다. 하지만 양자론의 아버지라 불리는 독일의 물리학자 막스 플랑크나, 취리히 공과대학의 수학자이자 아인슈타인의 은사였던 헤르만 민코프스키처럼 이 이론을 높이 평가한 과학자도 적지 않았습니다.

그 후, 특수 상대성 이론에 대한 평가가 점점 높아지면서 아인슈타인은 취리히 공과대학의 교수직을 맡을 수 있었습니다. 이어서 1913년에는 고국 독일의 베를린대학에서 교수로 임명되었습니다. 그리고 특수 상대성 이론을 발표한 후 10년의 세월을 거쳐, 마침내 일반 상대성 이론을 완성해 1915년부터 1916년에 걸쳐 발표했습니다.

'특수 상대성 이론'과 '일반 상대성 이론'의 차이

먼저 특수 상대성 이론부터 살펴보겠습니다. 원래 특수 상대성 이론의

'특수'라는 말은 특수한 경우에만 적용되는 이론을 뜻합니다. 반면, 일반 상대성 이론은 특수 상대성 이론을 더 발전시킨 이론으로, 이름 그대로 일반적인 모든 상황에 적용되는 이론입니다.

그렇다면, 특수 상대성 이론이 적용되는 특수한 경우는 어떤 경우일까요? 결론부터 말하자면, 물리 현상을 보는 관측자가 '등속 직선 운동'을 하는 경우입니다.

등속 직선 운동이란, '같은 속도(등속)로 곧게 나아가는(직선) 운동'을 말합니다. 즉 속도와 방향이 모두 변하지 않는 단순한 운동이지요. 또한 멈춰 있는 경우 역시, 속도 0을 유지하며 직진한다고 보기 때문에 등속 직선 운동에 포함됩니다. 반대로 속도가 변하거나 나아가는 방향이 바뀌는 운동은 포함되지 않습니다.

제1장에서 '관성의 법칙'을 소개했습니다. 이 법칙은 '물체는 외부에서 힘을 가하지 않는 한, 원래 하고 있던 등속 직선 운동을 계속한다.'라고 나타낼 수 있습니다. 예를 들어, 마찰력이나 공기 저항이 전혀 없는 우주에서는 로켓이 엔진의 속도를 올리지 않아도 일정한 속도로 계속 날아갈 수 있는데, 이것이 관성의 법칙 덕분입니다.

반대로, 물체에 힘을 가하면 속도가 빨라지거나 나아가는 방향이 바뀌게 됩니다. 이러한 운동을 '가속도 운동'이라고 합니다. 여기서 특수 상대성 이론은 관측자가 등속 직선 운동을 할 때만 적용할 수 있는 이론이라는 사실을 꼭 기억해야 합니다. 하지만 일반 상대성 이론은 가속도 운동을 하는 경우에도 쓸 수 있는 이론입니다. 그리고 뒤에서 설명하겠지만, 일반 상대성 이론은 특수 상대성 이론에서는 다룰 수 없는 중력까지도 포괄할 수 있는 이론이기도 합니다.

상대성이란 '둘 다 옳다'라는 뜻

그렇다면 상대성 이론에서 말하는 '상대성'이란 과연 무슨 뜻일까요? 상대성이라는 말을 사전에서 찾아보면, '다른 사물과 의존적인 관계를 가지는 성질'이라고 정의되어 있습니다. 상대성의 반대말은 '절대성'입니다. 상대성 이론에서 말하는 상대성이란, '둘 다 평등한 가치를 지니고 있다', '둘 다 옳다'라고 해석하면 이해가 쉬워집니다.

물리학 세계에 '상대성'이라는 개념을 처음으로 도입한 사람은 제 1장에서 소개한 것처럼 갈릴레오였습니다. '갈릴레오의 상대성 원리'는 아인슈타인보다 300년 이상 앞서 발표되었지요. 여기서 다시 한 번 갈릴레오의 상대성 원리에 대해 생각해보겠습니다.

갈릴레오가 지동설을 주장하자, 다음과 같은 반론을 제기하는 사람들이 있었습니다. "지동설이 사실이라면, 탑 위에서 돌을 떨어뜨릴 때 지구가 움직인다는 뜻이니 곧장 아래로 떨어지지 않고 살짝 비스듬히 떨어져야 하네. 그런데 왜 돌이 탑 바로 아래에 똑바로 떨어지는가?" 이에 대해 갈릴레오는 다음과 같이 설명했습니다.

"예를 들어, 일정 속도와 일정 방향으로 나아가는 배에 사람이 타고 있다고 생각해보게. 그 사람이 돛대 위에서 돌을 떨어뜨리면, 탑 위에서 돌을 떨어뜨릴 때와 똑같은 일이 일어나네. 그러니까 배에 탄 사람의 관점에서는 돌이 돛대 바로 아래로 떨어지는 것처럼 보이지. 이 배를 지구로 바꿔서 생각해보게. 지상에 있는 사람의 관점에서는 돌이 탑 바로 아래로 떨어지는 것처럼 보이게 되는 걸세."

배가 움직이고 있는데도 돌이 돛대 바로 아래로 떨어지는 이유는 무엇일까요? 그것은 돌이 배와 함께 같은 속도로 나아가고 있기 때문입니다. 관성의 법칙에 따라, 돌 역시 배와 같은 속도로 앞을 향해 나아가면서 떨어지는 것이지요. 다시 말해 우리가 있는 장소가 움직이든 멈춰 있든 상관없이, 그곳이 등속도로 움직이고 있다면 그곳에서 일어나는 물체의 운동이나 법칙은 우리에게 완전히 똑같은 것으로 보인다는 것입니다. 이것이 갈릴레오의 상대성 원리입니다. 뉴턴은 '속도에 절대적이라는 것은 없다'는 갈릴레오의 이러한 상대성 원리를 바탕으로, 자신의 뉴턴 역학을 구축해나갔습니다.

빛의 속도에 관한 중대한 발견

그런데 뜻밖에도 여기서 절대적인 등속 직선 운동을 하는 물체가 나타났습니다. 그것이 바로 빛입니다. 전자기학 연구가 진행되던 중, 맥스웰이 정립한 맥스웰 방정식을 사용해서 계산해보니, 빛의 속도(광속)는 초속 약 30만 킬로미터라는 사실이 밝혀졌습니다. 그런데 왜 이것이 문제가 되었을까요? 이에 대해 자세히 설명해보겠습니다.

갈릴레오의 상대성 원리를 바탕으로 한 뉴턴 역학에서는 '속도 합성 법칙Velocity Addition Formula'이 성립합니다. 이것은 자신의 관점에서 본 상대의 속도, 그러니까 상대적 속도를 자신의 속도와 상대방의 속도를 더하거나 빼서 계산할 수 있다는 법칙입니다.

예를 들어, 똑같이 시속 250킬로미터로 달리는 두 기차가 서로 반대 방향으로 엇갈려서 지나간다고 생각해보세요. 이때 기차에 탄 승객들은 반대편 기차가 시속 500킬로미터로 달리는 것처럼 보일 것입니다. 속도 합성 법칙에 따라, '250 + 250 = 500'이 되기 때문이지요. 반대로 두 기차가 같은 시속 250킬로미터로 나란히 달리는 경우에는, 기차에 탄 승객들은 옆에서 달리는 기차가 멈춰 있는 것처럼 보이게 됩니다. 이 역시 속도 합성 법칙에 따라 '250 − 250 = 0'이 되기 때문입니다.

그런데 만약 빛의 속도(광속)가 항상 맥스웰 방정식으로 얻어지는 일정한 값이라면, 이 속도 합성 법칙이 들어맞지 않게 됩니다. 빛의 속도(광속)는 빛을 관측하는 사람이 움직이든 멈춰 있든 관계없이 항상 초속 약 30만 킬로미터로 일정하게 관측되기 때문입니다.

실제로 1887년에 미국의 물리학자 앨버트 마이컬슨과 에드워드 몰리는 훗날 '마이컬슨-몰리 실험'으로 불리게 된 중요한 실험을 했습니다. 이 실험은 소리가 공기를 매질로 해서 파동(음파)으로 전달되듯이, 빛도 '에테르'라는 물질을 매질로 하여 파동(전자파)으로 전달된다고 가정했을 때, 지구가 에테르에 대해 어떤 운동을 하는지 검증하는 것이었습니다.

만약 에테르가 태양에 대해 정지해 있다고 가정한다면, 지구는 초속 약 30만 킬로미터의 속도로 태양 주위를 공전합니다. 따라서 공전 방향과 수직인 남북 방향으로 나아가는 빛과 비교했을 때, 동서 방향으로 나아가는 빛의 속도는 공전 속도만큼 달라져야 합니다. 하지만 마이컬슨-몰리 실험에서는 빛의 속도가 양쪽 모두 전혀 변하지 않았습니다. 이는 빛의 속도에는 속도 합성 법칙이 성립하지 않는다는 사실을 보여주었습니다. 이처럼 '관측자에 상관없이, 멈춰 있는 사람이나 움직이는 사람의 관점에서 봐도 빛의 속도(광속)는 항상 일정한 초속 약 30만 킬로미터이다.'라는 원리를 '광속 불변의 원리'라고 부릅니다. 이렇게 맥스웰 방정식으로 계산해낸 광속의 이론값이 실제로도 옳다는 것이 마이컬슨-몰리 실험으로 입증된 것입니다. 마이컬슨-몰리 실험은 '광속 불변의 원리'의 출발점이 되었습니다. 마이컬슨은 광학 연구에 대한 공적을 인정받아 미국인 최초로 노벨 물리학상을 받았습니다.

그렇지만 이 사실은 오랜 세월 동안 믿어왔던 갈릴레오의 상대성 원리와 뉴턴 역학에 중대한 결함이 있음을 드러내는 셈이었습니다. 이로 말미암아 물리학 분야에서는 큰 문제가 제기되었습니다. 하지만 이 문제는 아인슈타인이 구축한 특수 상대성 이론으로 해결할 수 있었습니다.

시간과 공간을 다시 보다

아인슈타인은 관측자와 무관하게 직진하는 빛의 속도가 항상 일정하다는 것이 무엇을 의미하는지 고민했습니다. 그리고 이를 해결하려면, 지금까지 우리가 알고 있던 시간이나 공간의 개념 자체를 다시 살펴봐야 한다는 매우 대담한 생각에 이르렀습니다.

여기서 '빛의 속도가 시간이나 공간과 대체 무슨 관계가 있다는 거지?' 하고 의문을 가질 분들도 있을 수 있습니다. 하지만 물리학에서 '속도'란 '단위 시간당 물체의 위치 변화량'을 말합니다. 다시 말해, '어떤 시간 동안 공간에서 얼마만큼 이동했는가'를 나타내는 개념이며, 시간과 공간에 의해 결정되는 물리량이라고 할 수 있습니다.

빛의 속도의 비밀을 밝혀내려면 먼저 시간과 공간의 본질을 똑바로 이해하는 것부터 다시 시작해야 한다고 아인슈타인은 생각했습니다. 이 발상의 전환이 특수 상대성 이론의 출발점이자, 훗날 물리학 세계에 대혁명을 일으킨 원점이었다고 할 수 있습니다. 상식이나 통설을 의심하고 원점으로 되돌아가는 것은 세상만사에서 참 중요한 일입니다.

'시간'은 상대적인 것

처음에 아인슈타인은 '시간이 흐르는 모습은 보는 사람에 따라 다르다.', 더 정확히 말하면 '시간이 흐르는 모습은 대상을 기술할 때 사용하는 관성계에 따라 달라진다.'라는 결론에 도달했습니다.

아인슈타인은 머릿속으로 실험을 반복하여 이론을 구축해가는 방법을 자주 썼는데, 이를 '사고 실험'이라고 합니다. 특히 빛의 속도처럼 실제로 관측하거나 실험하기가 어려운 경우에는 사고 실험이 위력을 발휘합니다.

아인슈타인을 따라, 다음과 같은 사고 실험을 해보겠습니다.

'당신은 일정한 속도로 달리는 전철에 몸을 싣고 있습니다. 전철의 바닥에서 위로 곧게 빛을 쏘아 올리고, 그 빛을 천장에서 반사시켜 다시 원래 위치에서 계측하는 실험을 한다고 상상해보세요. 이때, 빛을 발사하고 나서 계측을 하기까지 걸리는 시간은 얼마일까요?'

계산을 간단히 하기 위해 빛의 속도(광속)를 초속 4미터로 놓고, 높이가 2미터인 전철에서 이 실험을 했다고 가정해보겠습니다. 그러면 빛은 바닥에서 천장까지 왕복으로 4미터를 이동하는 것이니, 총 1초가 걸린다는 계산이 나옵니다. 별로 신기할 것도 없는 결과입니다.

그런데 이번에는 이 실험을 지상에 있는 사람이 멈춰 있는 상태에서 보고 있다고 생각해보세요. 그 사람이 본 빛의 궤적은 전철이 움직이는 것을 반영하기 때문에 완전히 수직 방향은 아닙니다. 구체적으로 생각해보면, 바닥에서 발사된 빛은 처음에는 전철의 진행 방향으로 비스듬히 위를 향해 나아갑니다. 천장에서 반사된 빛은 다시 전철의 진행 방향으로 비스듬히 아래를 향해 나아갔다가, 마지막에는 바닥에서 계측되는 궤적을 따라 도달합니다. 즉 빛이 발사된 순간부터 계측되는 순간까지 빛이 실제로 이동한 거리는 전철 높이의 2배인 4미터보다 조금 더 길어지게 됩니다.

만약 광속이 땅 위에 있는 사람의 눈으로 봐도 똑같이 초속 4미터라면, 이는 빛이 발사된 순간부터 계측될 때까지 걸리는 시간이 이 사람에게는 1초보다 길다는 것을 뜻합니다. 왜냐하면 일반적으로 물체가 나아간 거리는 '물체의 속도 × 시간'으로 주어지기 때문입니다. 즉 만약 광속이 누구에게나 같다는 사실을 받아들였다면, 시간이 흐르는 모습은 움직이는 사람과 멈춰 있는 사람에 따라 서로 다르다는 결론을 받아들여야 합니다.

이것만 해도 충분히 신기하지만, 광속이 누구에게나 동일하다는 것은 '어떤 이는 두 사건을 동시에 일어난 것처럼 바라보지만, 또 어떤 이는 두 사건에 시간 차가 있는 것으로 바라보는 경우가 있다.'라는 결론도 이끌어냅니다.

이해를 돕기 위해, 다시 한 번 일정한 속도로 달리는 전철을 타고 있다고 상상해보겠습니다. 이번에는 전철의 차량 한가운데에 서서, 앞과 뒤를 향해 동시에 빛을 발사합니다. 그러면 전철 안에 있는 당신은 앞을 향해 발사한 빛과 뒤를 향해 발사한 빛이 각각 같은 속도로 같은 거리만큼 나아가, 앞뒤 벽에 동시에 닿을 것이라고 결론지을 것입니다.

그런데 이 실험을 지상에 있는 사람이 정지한 상태에서 본다고 생각해보세요. 그 사람이 봤을 때는, 앞을 향해 발사한 빛이 앞쪽 벽에 도달하기 위해서는 차량의 절반보다 긴 거리를 이동해야 한다는 사실을 알 수 있을 것입니다. 왜냐하면 전철은 달리고 있기 때문에 지상에 있는 사람의 관점에서 보면 앞쪽 벽은 앞으로 계속 이동하니까요. 반대로 뒤를 향해 발사한 빛은 뒤쪽 벽에 도달하기 위해서는 차량의 절반보다

빛을 전철에서 발사하면……

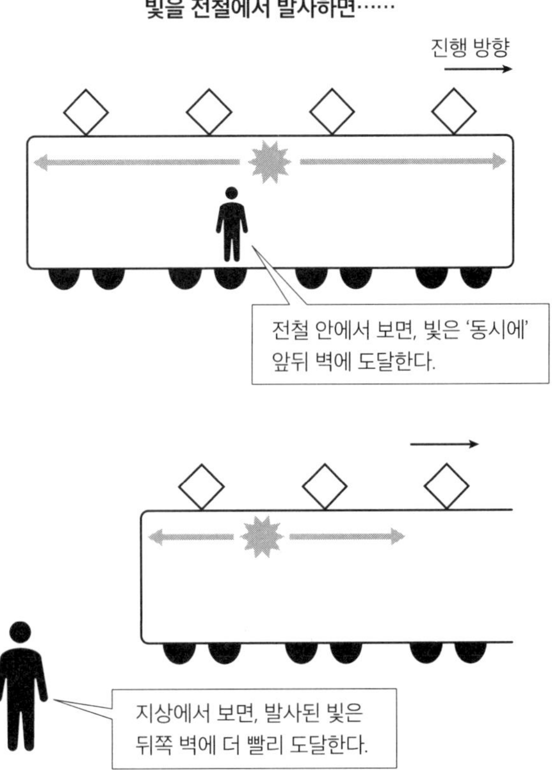

짧은 거리만 이동하면 됩니다. 뒤쪽 벽 역시 항상 앞으로 계속 이동하기 때문이지요.

하지만 만약 광속이 초속 약 30만 킬로미터로 항상 일정하다면, 앞쪽으로는 전철의 절반보다 긴 거리를, 뒤쪽으로는 전철의 절반보다 짧은 거리를 똑같은 속도로 이동해야 합니다. 결국 지상에 있는 사람의 관점에서 보면, 앞과 뒤를 향해 동시에 발사된 두 빛 중에서 앞을 향해 발사된 빛보다 뒤를 향해 발사된 빛이 더 빨리 벽에 도달한다는 결론이 나옵니다.

아인슈타인은 이런 기묘한 현상이 수학적으로도 모순 없이 일어날 수 있다는 사실을 제시했습니다. 그리고 전철 안에 있는 사람의 관점에서 본 결론도, 지상에 있는 사람의 관점에서 본 결론도 '모두 사실이며, 모두 옳다'고 주장했습니다.

지금까지는 시간이 누구에게나 똑같이 흐른다고 생각해왔습니다. 하지만 사실 시간은 절대적인 것이 아닙니다. 보는 사람의 입장에 따라 늘어나기도 하고 줄어들기도 하며, 어떤 사람에게는 동시에 일어나는 일이 다른 사람에게는 그렇지 않게 보이기도 한다는 것입니다. '시간이란 상대적인 것이며, 이는 시간의 본질적인 성질이다.' 아인슈타인은 이렇게 결론 내렸습니다. 그는 광속 불변의 원리(누구에게나 빛의 속도가 일정하다는 사실)에서 출발해, 기존의 시간 개념을 뿌리째 뒤집어놓았습니다. 이것이 바로 특수 상대성 이론의 진수입니다.

등속 직선 운동을 하는 물체는 시간의 흐름이 느려지는데, 아인슈타인은 특수 상대성 이론에서 시간이 어느 정도 늦어지는지 계산할 수 있는 '시간 지연 공식'을 이끌어냈습니다. 이 식에 따르면, 움직이는 물체의 속도가 광속에 가까워질수록 시간 지연 정도가 커진다는 사실을 알 수 있습니다. 예를 들어 광속의 약 50% 속도로 움직이는 물체는, 우리가 보기에 1초가 약 0.87초로 줄어듭니다. 또한 광속의 약 90% 속도로 움직이는 물체는 우리가 보기에 1초가 약 0.44초 줄어든다고 계산할 수 있습니다.

이처럼 속도가 광속에 가까워질수록 시간이 느려지는 정도가 커지기 때문에, 이론상 이 원리를 이용하면 오래 살 수 있지 않을까 하는 생각도 듭니다. 주변과 시간 차가 발생하기 때문에, 용궁에 갔다 왔더니 300년이 흘러 있었다는 내용의 일본 전래 동화 주인공 '우라시마 타로'처럼 나에게는 1년밖에 되지 않는 시간이 주변 사람들에게는 100년이 되는 상황도 충분히 생길 수 있는 것이지요. 우라시마 타로처럼 '열어서는 안 되는 상자'를 여는 순간, 갑자기 할아버지로 변해버릴 염려도 없습니다. 그렇다고 아직 좋아하기엔 이릅니다. 본인에게 1년이라는 시간이 주위 사람들에게는 100년으로 보인다고 할지라도, 그저 시간 차이가 생긴 것일 뿐, 그 100년의 차이만큼 인생을 더 살 수 있는 것은 아닙니다.

더 정확히 말하자면, 만약 광속에 매우 가까운 속도로 달릴 수 있는 전철이 있다고 하더라도, 원래 있던 위치로 돌아와서 지상에 있는 사람과 만나려면 전철의 속도를 줄여서(마이너스 가속을 해서) 그 방향을 바꿀 필요가 있습니다. 그리고 그러한 운동은 등속 직선 운동이 아니지요. 따라서 이렇게 가속을 포함한 운동 아래에서 무슨 일이 일어날지 답하려면, 조금 더 곰곰이 생각해봐야 할 것 같습니다. 그러나 이 경우에도 전철로 여행하는 사람과 지상에 남은 사람 사이에 '우라시마 타로 효과'가 생길 것이라는 결론은 바뀌지 않습니다.

피라미드 조사에도 기여한 특수 상대성 이론

그런데 이쯤 되면, '등속 직선 운동을 하는 물체는 시간이 느리게 흐른다.'라는 현상을 직접 눈으로 확인하고 싶어지지 않나요? 사실 가능합니다. 그리고 그것은 현대 물리학 곳곳에 나타납니다.

지구에는 매우 높은 에너지인 '우주선(우주방사선)'이 우주로부터 대량으로, 그리고 끊임없이 쏟아지고 있습니다. 우주선이란 우주 공간을 어지럽게 돌아다니는 방사선을 말합니다. 이 우주선이 지구 대기 상층부에 있는 원자와 충돌하면, 뮤온(뮤 입자)이라 불리는 소립자가 생성됩니다. 소립자란 물질을 이루는 최소 단위의 입자를 말해요. 이렇게 만들어진 뮤온은 광속에 가까운 속도로 지표를 향해 대기를 뚫고 나아갑니다. 그러나 뮤온은 매우 연약한 물질이라 수명이 고작 2.2 마이크로초(마이크로는 10^{-6}=100만 분의 1)밖에 되지 않습니다. 아무리 광속으로 움직인다고 하더라도, 2.2 마이크로초 동안에는 수십 킬로미터나 되는 대기를 뚫고 나아갈 수 없습니다. 따라서 대기 상층에서 만들어진 뮤온은 지표면에 닿기 전에 붕괴되어 지표까지 도달하지 못한다는 결론이 당연해 보입니다.

그런데 신기하게도 지상에서는 수많은 뮤온이 관측됩니다. 뮤온이 광속에 가까운 속도로 움직이면서, 내부 시계가 매우 느리게 흐르기 때문입니다. 지상에 있는 우리의 관점에서 보면, 뮤온의 수명이 시간 지연 효과로 늘어나 있어서 붕괴되지 않고 지상에 무사히 안착할 수 있는 것입니다. 이는 특수 상대성 이론이 없다면 이해하기 어려운 현상입니다.

참고로, 뮤온은 투과력이 매우 뛰어나다는 특징도 가졌습니다. 최근에는 이 특성을 활용해 '뮤오그래피'라는 방법을 사용하는 일이 많아졌어요. 뮤온의 경로를 기반으로 물체 내부의 밀도를 측정해 비파괴 검사를 하는데, 마치 엑스레이 촬영처럼 뮤온을 이용해 물체 내부를 들여다보는 방식입니다. 엑스레이 촬영에는 엑스선을 사용하지만, 뮤오그래피는 우주에서 대량으로 쏟아지는 뮤온을 활용해 내부를 관측합니다.

지금까지 뮤오그래피는 화산 내부의 마그마나 후쿠시마 제1원자력 발전소의 원자로심을 조사하는 데 활용되었습니다. 2017년에는 나고야대학 연구팀이 뮤온을 사용해 약 4500년 전 지어진 이집트 쿠푸 왕의 피라미드 내부를 투시했고, 길이 30m가 넘는 거대 공간을 발견했다고 발표해 세계를 놀라게 했습니다.

이처럼 특수 상대성 이론은 예상치 못한 다양한 분야에서 그 가치를 드러내고 있습니다.

뉴턴 역학의 불완전성이
오랫동안 간과되었던 이유

지금까지의 이야기를 간단히 정리하겠습니다. 20세기 초반, 전자기학이 발전을 이루면서 물리학은 큰 과제에 직면했습니다. 왜 빛의 속도는 누구에게나 똑같이 보이는지, 그리고 왜 뉴턴 역학은 빛에 적용되지 않는지, 그 답을 찾아내지 못하고 있었지요. 그런데 아인슈타인은 일단 뉴턴 역학을 배제하고, '빛의 속도는 일정하다'는 사실을 출발점으로 삼아 새로운 물리 법칙을 세우려 했습니다. 그렇게 해서 완성한 것이 특수 상대성 이론입니다.

그렇다면 뉴턴 역학은 완전히 틀린 이론이었을까요? 결코 그렇지 않습니다. 다만 불완전했을 뿐입니다. 그래서 빛의 속도까지 설명할 수 있도록 수정된 이론이 바로 특수 상대성 이론입니다. 하지만 이 과정에서 우리는 시간 개념을 크게 바꿔야만 했습니다. 시간은 관측자에 따라 변하는 상대적인 것이라는 놀라운 사실이 밝혀졌기 때문입니다.

그럼 우리는 왜 오랫동안 뉴턴 역학이 불완전하다는 사실을 간과했을까요? 이를 이해하기 위해 특수 상대성 이론의 속도 합성 법칙을 살펴보겠습니다. 아인슈타인이 이끌어낸 새로운 속도 합성 법칙에 따르면, 관측자의 속도가 광속에 가깝지 않은 한, 기존의 속도 합성 법칙에서 계산되는 값과 거의 같다는 사실을 알 수 있습니다. 즉 속도가 빛에 비해 훨씬 작은 경우가 대부분인 우리 생활에서는 기존의 속도 합성 법칙이 성립합니다. 수학적으로 말하면, 기존 뉴턴 역학의 속도 합성 법칙은 '근사식'이며, 그 계산 결과는 '근삿값'이었던 셈입니다. 그러나 일상에서는 이 정도의 정확도면 충분했기에, 뉴턴 역학의 불완전함은 전혀 문제가 되지 않았습니다.

움직이는 물체는 길이가 짧아진다

지금까지 속도와 시간의 관계를 살펴보았습니다. 당연히 아인슈타인은 특수 상대성 이론에서 속도와 공간의 관계도 깊이 고찰했고, 기존의 상식을 뒤집는 사실을 밝혀냈습니다. 바로 등속 직선 운동을 하는 물체는 멈춰 있는 사람의 관점에서 보면 길이가 짧게 보인다는 것입니다. 단, 등속 직선 운동과 방향이 같은 축일 때만 길이가 짧게 보입니다. 운동 방향에 수직인 길이는 변하지 않는다는 점을 덧붙여 두겠습니다.

아인슈타인은 움직이는 물체가 얼마나 짧아 보이는지를 나타내는 '길이 수축 공식'도 이끌어냈습니다. 이 공식에 대입해서 풀면, 가령 1미터짜리 막대가 광속의 절반 속도로 움직일 때는 약 87센티미터로 보이고, 광속의 약 90% 속도로 움직일 때는 약 44센티미터로 보입니다.

그렇다면 왜 움직이는 물체는 짧아 보일까요? 이 현상은 '움직이는 물체의 시간은 느리게 흐른다.'라는 사실과 밀접한 관련이 있습니다.

이를 설명하기 위해 앞서 살펴본 뮤온의 예를 다시 떠올려보겠습니다. 뮤온이 지상에서 관측되는 이유는, 광속에 가까운 속도로 움직여서 시간의 흐름이 느려지기 때문이라고 설명했습니다. 이는 지상에 있는 관측자의 시점으로 보는 것과 같습니다.

이번에는 같은 현상을 뮤온의 입장에서 살펴보겠습니다. 뮤온 입장에서는 자신이 정지해 있으므로 시간이 느리게 흐르지 않습니다. 즉 뮤온은 2.2마이크로초 만에 붕괴합니다. 하지만 뮤온의 관점에서 보면, 지면과 대기가 자신을 향해 광속에 가까운 속도로 다가오는 셈이 됩니다. 그래서 대기의 두께, 즉 지표까지의 거리가 짧아지기 때문에 2.2마이크로초 안에 지표까지 도달할 수 있는 것입니다. 결국 뮤온이 지구까지 도달할 수 있었던 이유는 지상에 있는 관측자의 입장에서는 뮤온의 시간이 느려졌기 때문이며, 반대로 뮤온 입장에서는 지구까지의 거리가 줄었기 때문이라고 볼 수 있습니다.

이처럼 특수 상대성 이론에서는 같은 현상이라도 관측자의 시점에 따라 다르게 보일 수 있습니다. 그러나 물리적 사실, 즉 '뮤온이 지구에 도달한다'는 것은 어떤 관점에서 설명하더라도 변하지 않는 결과입니다. 이러한 차이는 시간과 공간이 절대적인 것이 아니라, 관측자에 따라 상대적으로 달라지기 때문에 생깁니다. 그리고 시간의 길이가 어떻게 다르게 보이는지는 관계식을 통해 정확히 계산할 수 있습니다. 이처럼 특수 상대성 이론은 시간과 공간이 밀접하게 연결되어 서로 영향을 주고받는 관계임을 밝혔습니다. 이전까지 물리학 분야에서 따로 다뤄지던 시간과 공간을 '시공'이라는 하나의 개념으로 통합한 것입니다.

빛보다 빠를 수 없는 이유

그런데 빛의 속도는 초속 약 30만 킬로미터로 매우 빠르다고는 하지만, 그 속도가 한계입니다. 이 속도는 자연계에서 존재할 수 있는 최고 속도이며, 어떤 물체도 이를 넘을 수는 없습니다. 왜 그럴까요? 그 이유는, '움직이는 물체의 속도가 빨라질수록, 물체가 가속하기 힘든 정도를 나타내는 질량도 같이 늘어나기 때문'입니다. 특수 상대성 이론에 따르면, 이처럼 물체가 가속하기 힘든 정도를 나타내는 질량을 관성 질량이라고 부릅니다.

이번에는 우주를 나는 로켓을 떠올려보겠습니다. 로켓의 속도가 점점 빨라지면, 그에 따라 로켓의 관성 질량도 함께 증가합니다. 관성 질량이 증가할수록 같은 힘을 가해도 로켓은 가속하기가 더 어려워집니다. 이 과정을 반복하면서 로켓의 속도가 광속에 한없이 가까워지면, 로켓의 관성 질량이 점점 커지기 때문에 더 이상 속도가 오르지 않게 됩니다.

정지해 있을 때의 관성 질량과 비교해, 움직일 때의 관성 질량이 몇 배로 늘어날지는 계산식을 통해 구할 수 있습니다. 이 식에 따르면, 속도가 광속에 가까워질수록 관성 질량은 무한히 커진다는 사실을 알 수 있습니다. 그래서 로켓은 빛의 속도까지 가속할 수 없습니다. 이와 같은 원리는 다른 모든 물체에도 적용됩니다. 일반적으로 정지 상태에서 관성 질량이 조금이라도 있는 물질은 결코 빛의 속도에 도달할 수 없는 것입니다.

참고로, 물체가 정지해 있을 때 갖는 관성 질량을 정지 질량이라고 합니다. 상대성 이론에서는 관성 질량과 정지 질량이 서로 다른 개념이며, 단순히 질량이라고 했을 때는 보통 정지 질량을 의미합니다.

한편, 빛이 광속으로 움직일 수 있는 이유는 수학적으로 빛(광자)의 정지 질량이 정확히 0이기 때문입니다(물론 빛을 실제로 멈추게 할 수는 없지만). 바로 이 점 때문에 빛의 속도는 자연계에서 가장 빠른 속도로 여겨집니다.

'$E = mc^2$'의 의미

앞서 살펴본 로켓의 예로 다시 돌아가보겠습니다. 로켓 엔진은 끊임없이 에너지를 공급하지만, 로켓은 광속까지는 가속할 수 없습니다. 그렇다면 가속에 쓰이지 못한 에너지는 어디로 갈까요? 바로 로켓의 관성 질량을 증가시키는 데 사용됩니다. 즉 에너지가 관성 질량으로 변환되는 것입니다.

한편, 에너지 보존 법칙은 '에너지의 총량이 일정하다'는 원리입니다. 예를 들어 롤러코스터의 추진력에는 위치 에너지가 사용됩니다. 롤러코스터는 처음에 높은 곳까지 천천히 올라가면서 위치 에너지를 저장합니다. 그리고 이 위치 에너지는 하강할 때 운동 에너지로 바뀝니다. 하지만 에너지의 총량은 늘지도 줄어들지도 않고, 항상 같은 값을 유지합니다.

반면, 특수 상대성 이론에서는 '에너지가 (관성) 질량으로 변환될 수 있다'고 주장합니다. 이는 그동안 별개의 개념으로 여겨졌던 (관성) 질량과 에너지가 서로 변환되는 것, 즉, 동일한 것임을 의미합니다. 특수 상대성 이론에서 이끌어낸 변환식에 따르면, 물체의 에너지는 관성 질량에 광속의 제곱을 곱한 값이 됩니다.

이 에너지와 관성 질량의 변환식은 물체가 정지해 있을 때에도 성립합니다. 이 경우, 물체의 에너지는 정지 질량에 광속의 제곱을 곱한 값이 됩니다. 이것이 그 유명한 식, '$E = mc^2$'입니다. 여기서 E는 물질이 가진 에너지, m은 물질의 (정지) 질량, c는 광속을 뜻합니다. 이 식을 말로 표현해보자면, 물질은 존재만으로도 그 질량에 광속의 제곱을 곱한 만큼 에너지를 갖는다고 할 수 있습니다. 따라서 만약 이 질량 에너지를 우리가 사용할 수 있는 일반 에너지로 전환할 수 있다면, 우리는 물질의 질량만으로도 에너지를 뽑아낼 수 있다는 뜻이 됩니다.

원자 폭탄 개발에 이용된
특수 상대성 이론

광속의 제곱한 값은 우리가 사용하는 미터나 초 같은 단위로 환산하면 셀 수 없을 만큼 거대한 수치가 됩니다. 따라서 $E=mc^2$라는 식은, '극히 적은 질량에서도 막대한 양의 에너지를 끌어낼 수 있다'는 사실을 보여줍니다. 하지만 물질이 가진 에너지를 끌어내는 일은 그리 호락호락해 보이지 않았습니다. 실제로 질량을 에너지로 변환하려면 오히려 처음에 막대한 에너지를 들여야 하는 것처럼 보였기 때문입니다. 그래서 이론적으로는 질량과 에너지가 서로 전환 가능하다고 하더라도, 실행에 옮기기란 불가능할 것이라고 많은 과학자들은 생각했습니다.

그러나 1938년, 독일의 화학자이자 물리학자인 오토 한과 오스트리아의 물리학자 리제 마이트너가 중대한 발견을 했습니다. 그들은 우라늄 원자핵에 중성자를 쏘면 원자핵분열이 일어나고, 이 과정에서 질량이 살짝 줄어드는 동시에 막대한 에너지가 방출된다는 사실을 알아냈습니다. 1938년은 제2차 세계대전이 발발하기 직전 해였습니다. 그 뒤에 어떤 일이 벌어졌는지는 굳이 설명하지 않아도 알겠지요. 그 이야기를 여기서 잠시 해보겠습니다.

1933년, 히틀러가 독일 총리에 취임하자마자 유대인에 대한 박해와 추방은 점점 심해졌습니다. 당시 유대인이었던 아인슈타인은 그해 가을, 미국의 한 대학에 객원 교수로 초청받아 머무르고 있었는데, 독일로 돌아가려던 계획을 접고 신변의 위협을 피해 그대로 미국에 남았습니다. 그리고 그는 두 번 다시 독일 땅을 밟을 수 없었습니다.

한편, 1938년 오스트리아가 독일에 병합되면서 유대인 혈통이었던 마이트너는 나치의 영향을 직접적으로 받게 되었습니다. 결국, 주변 사람들의 도움을 받아 같은 해 스웨덴으로 망명하게 됩니다. 반면, 30년 넘게 마이트너와 함께 연구해 온 독일인 오토 한은 독일에 남았고, 둘은 이후에도 꾸준히 연락을 주고받았습니다. 마이트너는 그해 말에 우라늄 원자핵분열을 발견했다는 소식을 한의 편지로 알게 되었습니다.

한편, 무솔리니의 파시스트 정권 아래에서 아내가 유대인이라는 이유로 이탈리아에서 추방된 엔리코 페르미는 미국으로 이주하게 됩니다. 그는 우라늄의 핵분열 과정에서 에너지와 함께 다수의 중성자가 방출되며, 이 중성자들이 다른 우라늄 원자핵에 닿아 다시 핵분열을 일으키는 연쇄 반응이 가능하다는 사실을 제시했습니다. 즉 핵분열이 기하급수적으로 이어질 경우, 순간적으로 엄청난 에너지를 방출할 수 있다는 사실을 알아낸 것이지요.

미국으로 가서 콜롬비아대학교의 물리학 교수가 된 페르미는, 1939년에 망명 중이던 마이트너를 통해 오토 한의 우라늄 핵분열 발견 소식을 접하게 됩니다. 이 소식은 순식간에 미국과 영국의 과학자들 사이에 퍼졌고, 연합국은 독일이 이 원자핵분열 현상을 신형 폭탄, 즉 원자 폭탄 개발에 이용할 것을 크게 우려했습니다. 이에 미국으로 망명한 유럽 출신 물리학자들은 독일보다 먼저 원자 폭탄을 완성하겠다는 마음에 루스벨트 대통령에게 원자 폭탄 개발의 필요성을 알리는 진언서를 제출했습니다. 1939년 8월, 아인슈타인 역시 자신의 특수 상대성 이론이 무기에 이용되는 것을 망설이면서도, 그 진언서에 서명했습니다. 이 일을 계기로 미국 정부는 원자핵분열에 관한 연구를 본격적으로 추진했고, 1942년에는 시카고대학교에서 세계 최초의 원자로가 완성되어 원자핵분열의 연쇄 반응을 인류 역사상 처음으로 제어하는 데 성공했습니다.

한편 마이트너는 1943년에 영국 과학자들로부터 원자 폭탄 개발에 협조해달라는 요청을 받았지만, '원자 폭탄 개발에는 관여할 생각이 없다'며 단호히 거절했다고 전해집니다. 참고로, 나치 정권의 압력 속에 마이트너를 저버린 오토 한은 1944년, 우라늄 핵분열 발견의 공로로 노벨 화학상을 단독 수상했습니다.

이후 미국에서는 원자 폭탄 개발 프로젝트인 '맨해튼 계획'이 본격적으로 추진되었는데, 이 계획을 주도한 인물은 로스앨러모스 국립연구소의 초대 소장이자 미국의 이론 물리학자인 로버트 오펜하이머였습니다. 그의 일생을 다룬 영화《오펜하이머》가 2023년 미국에서 개봉되고 2024년에는 일본에서도 상영되면서 큰 화제를 모았던 기억이 아직 생생하게 남아 있습니다.

오펜하이머는 현재 제가 센터장을 맡고 있는 캘리포니아대학교 버클리 캠퍼스의 이론 물리학 센터의 전신인 이론 물리학 그룹의 창설자입니다. 세계에서 유일한 피폭국인 일본 출신의 제가 센터장을 맡고 있다는 이유로, 영화《오펜하이머》가 개봉되었을 당시 여러 차례 강연회 패널로 초청되어, 영화에 대한 소감을 나눈 적이 있습니다. 저는 이 영화를 지극히 깊은 정치적 서사이자 인간 드라마로 느꼈습니다.

맨해튼 계획은 독일이 항복한 이후에도 진행되었으며, 1945년 7월 16일에는 뉴멕시코 주 앨러머고도 인근 사막에서 인류 최초의 원자 폭탄 실험이 성공했습니다. 그로부터 약 3주 후인 8월 6일에는 일본 히로시마에, 8월 9일에는 나가사키에 차례차례 원자 폭탄이 떨어졌습니다. 그 결과 수십만 명의 희생자가 발생했다는 사실은 누구나 잘 알고 있을 것입니다.

히로시마에 투하된 원자 폭탄에는 우라늄, 나가사키에 투하된 원자 폭탄에는 플루토늄이라는 원소가 사용되었습니다. 이 두 원소는 현재 알려진 118개의 원소 중에서도 무거운 축에 속합니다. 원자핵이 둘로 갈라지는 반응을 핵분열이라고 하는데, 예를 들어 질량이 100인 원자핵이 분열하면 $60:39.9$나 $59.9:40$처럼 살짝 질량이 줄어듭니다. 반대로, 가장 가벼운 원소인 수소(원자번호 1)의 원자핵 2개와 중성자 2개가 결합해 원소 중 가장 가벼운 헬륨(원자번호 2) 원자핵을 만들면, 이 헬륨 원자핵의 질량은 처음의 수소 원자핵과 중성자들의 질량을 합한 값보다 조금 작아집니다. 이렇게 원자핵끼리 결합시키는 것을 '핵융합'이라고 합니다. 일반적으로 원자번호 26인 철까지는 핵융합을 통해 에너지를 얻을 수 있고, 원자번호 27 이상인 무거운 원소는 핵분열을 통해 에너지를 만들어낸다는 사실이 밝혀져 있습니다. 실제로 태양은 수소 핵융합 반응을 통해 막대한 에너지를 만들어내고 있습니다.

아인슈타인은 자신의 이론이 핵분열 반응을 이용한 원자 폭탄 개발에 기여했고, 그 폭탄이 애정을 품고 있던 일본에 투하되었다는 사실에 매우 큰 충격을 받았습니다. 그는 이 일에 대해 깊은 후회를 했다고 전해집니다. 제2차 세계대전 이후, 아인슈타인은 원자과학자협회 회장을 맡아 과학자의 입장에서 핵무기 반대와 폐기를 강하게 호소했습니다. 특히 핵융합 반응을 이용한 새로운 무기인 수소 폭탄 개발에는 단호히 반대 입장을 밝혔습니다. 1947년경부터 건강이 악화된 그는 자택과 연구실에서 조용히 보내는 일이 많아졌고, 1955년에 프린스턴 병원에서 심장 질환으로 생을 마감했습니다.

참고로, 핵융합은 핵분열과 달리 방사성물질이 거의 나오지 않는다는 특징이 있습니다. 이러한 이유로 최근에는 원자력발전을 대체할 수단으로 수소 핵융합을 통해 에너지를 얻고, 이를 발전에 활용하려는 프로젝트가 일본을 비롯한 여러 나라에서 추진되고 있습니다. 다만, 현재로서는 상용화가 이루어질 조짐은 보이지 않는 상황입니다.

10년의 집념으로 완성한 '일반 상대성 이론'

이제부터는 제2차 세계대전 시기로 되돌아가, 아인슈타인의 '일반 상대성 이론'을 소개하려고 합니다.

일반 상대성 이론은 뉴턴의 중력 이론을 특수 상대성 이론과 양립하도록 수정하고 재구축한 이론입니다. 하지만 완성된 이론은 단순히 중력을 포함하는 데 그치지 않고, 특수 상대성 이론의 '특수함', 즉 등속 직선 운동을 전제로 한 제약에서 벗어나, 어떤 운동을 하든 대응할 수 있도록 확장된 이론이었습니다. 이는 아인슈타인 스스로 인생 최고의 번뜩임이라 표현한, '중력과 좌표계의 가속도는 동일하다.'라는 사실을 바탕으로 이루어진 것입니다.

아인슈타인이 특수 상대성 이론을 발표한 해는 1905년이고 일반 상대성 이론을 완성한 해는 1915년부터 1916년 사이였으니, 이 이론을 구축하기까지 무려 10년이라는 세월이 걸린 셈입니다. 이 이론이 얼마나 대단한 난제였는지, 세월이 말해주는 듯합니다.

'특수 상대성 이론'이 안고 있던 과제

간단히 복습하면, 특수 상대성 이론은 관측자가 등속 직선 운동을 한다는 제한된 조건 아래에서, 빛을 포함한 물체의 운동 법칙과 그로부터 드러난 시간과 공간의 성질을 설명하는 이론입니다. 이 이론에 따르면, 자연계에는 최대 속도가 존재하며, 그 값은 초속 약 30만 킬로미터, 즉 광속으로 주어집니다. 빛을 포함한 어떤 물체도 이 속도를 넘을 수 없고, 이는 곧 광속보다 빠른 속도로 정보를 전달하는 것 역시 불가능하다는 의미입니다. 특수 상대성 이론에 모순이 발생하지 않았던 것도 바로 이 성질 때문이었습니다.

그러나 만약 중력이 뉴턴의 이론을 따른다면 문제가 생깁니다. 뉴턴 역학에서는 지구가 태양 주위를 도는 이유를, 태양과 지구가 중력으로 서로 끌어당기기 때문이라고 설명합니다. 만약 중력이 없다면, 지구는 더 이상 태양 주위를 공전하지 않고 우주 저 멀리 날아갔을 테니까요. 이는 양동이를 손에 들고 휘두르는 모습에 비유할 수 있습니다. 손을 중력이라고 가정하면, 그 손을 놓는 순간 중력이 사라져서 양동이는 순식간에 멀리 날아가버리겠지요.

그런데 태양과 지구 사이의 거리는 빛의 속도로 계산해도 약 8분이 걸립니다. 그래서 만약 특수 상대성 이론이 옳다면, 태양이 소멸되었다는 정보가 지구에 도달하는 데 최소 8분이 걸려야 합니다. 즉 태양이 갑자기 사라진다고 해도, 지구는 약 8분 동안은 태양이 있던 자리를 계속 돌게 되는 셈입니다. 만약 뉴턴의 중력 이론이 암시하는 것처럼 태양이 사라졌다는 정보가 즉시 지구에 전달된다면, 특수 상대성 이론은 깨지고 맙니다.

즉, 뉴턴의 중력 이론과 광속이 최고 속도라는 특수 상대성 이론 사이에는 분명한 모순이 존재합니다. 이 모순을 해결하기 위해, 아인슈타인은 뉴턴의 중력 이론을 특수 상대성 이론과 모순되지 않는 이론 체계로 다시 구축할 필요가 있었던 것입니다.

'등가 원리'란

아인슈타인은 먼저 '등가 원리'라는 개념에 도달했습니다. 등가 원리의 핵심은 '중력과 가속도는 같은 가치를 지녔다'는 것입니다. 바꿔 말하면, '모든 물체가 동일한 중력 가속도(중력으로 발생하는 가속도)로 떨어지는 현상은 땅이 같은 가속도로 위로 움직인 결과라 봐도 무방하다.'라는 원리입니다.

아인슈타인은 '모든 물체는 중력에 의해 동일한 가속도로 낙하한다.'라는 뉴턴의 발견을 바탕으로 이 원리를 얻었습니다. 그는 훗날 이 발견을 두고, '인생에서 가장 훌륭한 번뜩임이었다.'라고 회고했습니다. 그만큼 등가 원리는 일반 상대성 이론을 구축하는 데 있어 출발점이 된 중요한 원리이며, 지금은 물리학 분야에서 가장 기본적인 원리 중 하나로 자리 잡았습니다.

그럼 이제 등가 원리를 좀 더 자세히 살펴보겠습니다.

먼저 다음과 같은 사고 실험을 해보겠습니다. 당신은 손에 사과를 든 채 엘리베이터에 탔습니다. 엘리베이터가 멈춰 있을 때, 손에서 사과를 놓으면 어떻게 될까요? 당연히 바닥으로 떨어지겠지요. 이번에는 이 엘리베이터를 무중력 상태인 우주 공간으로 옮겨보겠습니다. 이 상태에서 사과를 놓으면, 사과는 공중에 둥실 떠 있게 될 것입니다. 중력이 없기 때문이지요. 그럼 이번에는 우주 공간에 있는 엘리베이터를 빠르게 올라가도록(위를 향해 가속도 운동) 움직여보겠습니다. 이 상태에서 사과를 손에서 놓으면, 사과는 다시 바닥 쪽으로 떨어지겠지요.

이제 다시 엘리베이터를 지구로 가져와보겠습니다. 단, 엘리베이터에는 창문이 없기 때문에 당신은 지금 이곳이 우주인지 지구인지 구별할 수 없습니다. 그런데 이번에는 엘리베이터를 매달고 있던 와이어가 갑자기 끊어졌고, 엘리베이터는 엄청난 속도로 추락했습니다(아래를 향해 가속도 운동). 당신은 깜짝 놀라 손에 들고 있던 사과를 놓치고 말았습니다. 그러면 사과는 어떻게 될까요? 정답은 '공중에 둥실 뜬다'입니다. 롤러코스터가 급강하할 때 몸이 붕 뜨는 느낌을 느껴본 적이 있는 분들은 상상이 될 거예요.

그럼 이제 마지막 질문입니다. 이 상황에서 당신은 자신이 우주의 무중력 상태에 있는지, 아니면 지구에서 엘리베이터를 매달고 있던 와이어가 끊어진 상태에 있는지 구별할 수 있을까요? 정답은 '구별할 수 없다'입니다. 마찬가지로 사과가 바닥으로 떨어진 이유는, 무중력 상태의 엘리베이터가 상승하면서 바닥으로 끌어당겨진 것인지, 혹은 지구상의 중력 때문에 떨어진 것인지도 구분할 수 없습니다. 이런 이유로 중력과 가속도는 물리적으로 동일한 역할을 하고 있다는 사실을 알 수 있습니다. 즉 관측자가 가속도 운동을 하는 상황과 중력이 작용하는 상황은 물리적으로 구별할 수 없는 동일한 것(등가)입니다. 바로 이것이 등가 원리입니다.

'중력'의 구조를 밝혀내다

다음 과제는 이 아이디어를 어떻게 수학적으로 정식화할 것인가 하는 문제였습니다. 중력은 장소에 따라 작용하는 방향이 달라집니다. 이는 곧 지점마다 서로 다른 방식으로 가속하고 있는 공간을 따져봐야 한다는 뜻입니다. 공간이 가속하고 있다는 것은, 관성계에 대해 가속하고 있다는 뜻입니다. 즉 어떤 장소에서 따진 관성계와 다른 장소에서 따진 관성계가 서로 등속이 아닌 가속 운동 관계에 있다는 것을 의미하지요.

이런 상황을 설명하기 위해, 아인슈타인은 '휘어진 시공간'이라는 개념을 떠올렸습니다. 즉 '중력이란 시공간의 휘어짐이 만들어내는 현상이 아닐까?'라는 생각을 한 것이지요. 앞서 이야기했듯이, 시공간이란 시간과 공간을 하나로 합친 개념이며, 우리는 3차원 공간에 시간축이라는 1차원을 더한 4차원 시공간 속에서 살고 있습니다. 아인슈타인은 이 시공간이 휘어지면, 서로 다른 장소에 있는 관성계들 사이의 관계도 등속 직선 운동에서 벗어날 수 있다고 보았습니다.

아인슈타인은 '리만 기하학'을 비롯한 당시 최첨단 수학을 구사하여 자신의 아이디어를 수학적으로 공식화하는 데에 성공했습니다. 리만 기하학은 독일의 수학자 베른하르트 리만이 새로운 형태로 구축한 기하학인데, 기존의 유클리드 기하학과 달리 휘어진 공간을 다룰 수 있다는 점이 특징입니다. 리만은 19세기를 대표하는 수학자 중 한 사람이며, 오늘날까지도 수학에서 가장 중요한 미해결 문제 중 하나로 남아 있는 '리만 가설'을 제창한 것으로도 유명합니다.

이와 같은 과정을 통해, 아인슈타인은 마침내 '중력장 방정식'을 이끌어내는 데 성공했습니다. 이 방정식은 매우 복잡하므로 여기서는 자세히 다루지 않겠지만, 뉴턴의 만유인력 법칙을 중력이 매우 강한 경우에도 적용할 수 있도록 확장한 형태이며, 동시에 자연계에서 광속이 최대 속도라는 특수 상대성 이론의 원리와도 일치합니다. 이 중력장 방정식은 일반 상대성 이론의 핵심이자, 가장 기본이 되는 방정식입니다.

중력장 방정식은 한마디로 말해, '물체가 가진 에너지가 시공간이 휘어짐 정도를 결정한다'는 것을 나타내는 식입니다. 이 개념을 이해하기 위해 4차원 시공간을 신축성이 좋은 천, 예를 들어 테두리가 단단히 고정된 트램펄린으로 비유해보겠습니다. 그 트램펄린 위에 공을 하나 올리면, 공의 무게 때문에 천은 당연히 아래로 볼록해집니다. 이 모습을 '휘어진 시공간'이라고 생각하는 것입니다. 이제 그 옆에 공을 하나 더 올려보겠습니다. 그러면 천은 더 크게 볼록해지고, 그 영향으로 두 공은 서로 붙게 되겠지요. 아인슈타인은 이렇게 붙는 현상을 보통 우리가 중력(만유인력)이라고 부르는 것과 같다고 본 것입니다. 즉 공을 올리면 2차원인 천의 표면이 일그러지듯, 물질이 존재하면 주위의 시공간이 휘어집니다. 그리고 그 휘어진 시공간 속에서 물질의 상태를 보면, 마치 중력(만유인력)이 작용하는 듯한 현상이 일어난다는 것입니다.

중력의 정체가 이런 것이라면, 앞서 언급했던 모순도 해결됩니다. 이제 천의 표면 위에 볼링공처럼 무거운 물체를 올려놓았다고 가정해 보겠습니다. 이 볼링공을 태양에 비유하면, '태양'은 주위 천을 휘게 만듭니다. 이 상태에서, 이번에는 훨씬 가벼운 쇠구슬을 '태양'에서 떨어진 지점에, 태양과 수직 방향으로 가볍게 굴려보겠습니다. 그러면 그 구슬은 천이 휘어 있는 경로를 따라 태양 주위를 돌게 됩니다. 이 가벼운 쇠구슬이 바로 지구에 해당됩니다.

그런데 여기서 볼링공을 천에서 치워버리면 어떻게 될까요? 당연히 휘어져 있던 천은 원래대로 돌아가겠지만, 그 변화는 순식간에 일어나는 것은 아닙니다. 볼링공이 있던 지점에서 바깥쪽을 향해 서서히 원상 복귀를 하게 됩니다. 따라서 볼링공을 치운다 해도 이 휘어진 천이 원래로 돌아간다는 사실을 쇠구슬이 아직 모른다면, 쇠구슬은 마치 여전히 '태양'이 존재하는 것처럼 볼링공이 있던 장소 주위를 계속 돌게 됩니다. 아인슈타인의 일반 상대성 이론에서는 이러한 시공간의 변화, 즉 천의 휘어짐(여기서는 원상 복귀)이 전달되는 속도가 바로 광속인 것입니다. 그래서 만약 태양이 갑자기 사라진다고 하더라도, 지구는 약 8분 동안 태양이 있던 자리를 중심으로 공전하게 되는 것입니다.

이처럼 일반 상대성 이론은 물질이 주위 시공간을 휘게 만든다는 사실을 분명히 밝혔습니다. 물질과 시공간은 결코 따로 존재하지 않으며, 서로 긴밀한 관계를 맺고 있는 것입니다. 특수 상대성 이론이 이전까지 별개라고 생각했던 시간과 공간을 '시공간'이라는 하나의 개념으로 통합했다면, 일반 상대성 이론은 등가 원리를 출발점으로 삼아, 그동안 독립된 것으로 여겼던 물질과 시공간이 서로 영향을 주는 개념으로 생각하여 하나의 이론 체계 속에서 통합한 셈입니다.

개기일식으로 입증된 일반 상대성 이론

아인슈타인은 일반 상대성 이론을 완성한 뒤, 곧바로 이를 태양계 행성들의 운동에 적용해보았습니다. 태양계를 도는 행성들은 타원 궤도를 그리는데, 이 궤도는 엄밀히 따지면 닫힌 타원이 아닙니다. 구체적으로는, 행성이 태양에 가장 가까워지는 지점인 '근일점'이 다른 행성들 사이에 작용하는 인력 때문에 서서히 어긋나는 현상이 나타납니다. 이른바 '근일점 이동'이라 불리는 이 효과는 매우 미세합니다. 예를 들어 지구의 경우는 100년 동안 타원의 방향이 약 1,100초각, 즉 약 0.3도(1초각은 1도의 3,600분의 1)만큼 바뀔 뿐입니다.

이러한 근일점 이동은 뉴턴의 중력 이론으로도 계산할 수 있으며, 그 결과는 당시의 관측 정밀도 안에서 실제 측정값과 대부분 일치했습니다. 하지만 태양에 가장 가까운 행성인 수성의 경우는 달랐습니다. 수성의 근일점 이동에 대해서는, 뉴턴 이론으로 계산한 값과 실제 관측값 사이에 100년 동안 약 43초각의 차이가 존재했습니다. 아인슈타인은 일반 상대성 이론을 적용해 이 현상을 다시 계산했습니다. 그 결과, 일반 상대성 이론은 뉴턴의 중력 이론에 비해 100년 동안 정확히

43초각만큼 더 큰 근일점 이동을 예측했습니다. 아인슈타인은 이를 발견하고 매우 기뻐했다고 전해집니다.

참고로, 현재는 수성을 제외한 다른 행성들의 근일점 이동에 대해서도 일반 상대성 이론의 효과가 계산되고 있습니다. 이 효과는 수성에 비해 작지만, 현재는 정밀한 관측 기술 덕분에 모든 결과가 일반 상대성 이론과 정확히 일치하는 것으로 확인되고 있습니다.

또한 아인슈타인은 일반 상대성 이론이 옳다는 것을 입증할 수 있는 다른 방법이 없을지 고민했습니다. 그는 물질 때문에 시공간이 휘면, 원래 직진하던 빛의 경로도 함께 꺾인다는 점에 주목했습니다. 만약 이 현상을 관측할 수 있다면 일반 상대성 이론의 타당성을 실험적으로 증명할 수 있을 것이라 보았지요. 그래서 아인슈타인은 '일식'을 선택했습니다. 태양 근처를 지나가는 별은, 태양의 강한 중력 때문에 빛의 경로가 꺾여서 실제 위치보다 살짝 어긋나 보여야 합니다. 하지만 낮에는 태양빛 때문에 주변의 별이 보이지 않습니다. 그래서 일식 현상이 일어나 태양이 가려져 있는 동안에는 특수 기술을 사용하여 관측할 수 있다는 것입니다.

1919년 5월 29일, 천문학 계산을 통해 남반구에서 개기일식이 일어날 것이라는 예측이 있었습니다. 이를 계기로, 일반 상대성 이론이 실제로 옳은지를 실험적으로 검증하고자 하는 시도가 이루어졌습니다. 영국의 천문학자 아서 에딩턴은 이 목표를 위해 아프리카의 프린시페섬으로 원정을 가서, 개기일식을 관측했습니다.

관측 결과는 어땠을까요? 별이 실제 위치에서 어긋나 보이는 현상이 일반 상대성 이론이 예측한 값과 정확히 일치했습니다. 일반 상대성 이론이 옳다는 사실이 극적으로 증명된 순간이었습니다. 이 뉴스는 전 세계에 보도되었고, 아인슈타인은 단숨에 '뉴턴 이후 최고의 천재 과학자'로서 명성을 얻게 되었습니다.

지금은 강한 중력에 의해 빛의 경로가 휘는 현상을 '중력 렌즈 효과'라고 부르며, 다양한 천문 현상에서 관측되고 또 연구에 활용도 하고 있습니다. 예를 들어, 우주에는 스스로 빛을 내지 않아 직접 볼 수 없는 정체불명의 '암흑물질(다크 매터)'이 존재하는 것으로 알려져 있는데, 그 성질을 조사하는 데도 사용됩니다. 암흑물질은 1933년에 스위스의 천문학자 프리츠 츠비키가 그 존재를 제안했으며, 이후 다양한 관측을 통해 그 존재가 의심의 여지없이 받아들여지고 있습니다. 암흑물질은 광학 망원경으로 직접 관측할 수는 없지만, 존재할 경우에는 중력 때문에 주변에 있는 별빛의 경로를 휘게 만듭니다. 이런 현상을 중력 렌즈로 관측하여 암흑물질이 우주에 얼마나 분포했는지 알아낼 수 있는 것이지요.

시간의 흐름에 영향을 주는
가속도와 중력

일반 상대성 이론은 가속도나 중력에 의해 시간의 흐름이 느려진다고 예측합니다. 1971년에는 이 이론을 실험으로 증명하려는 시도가 있었습니다. 현재 '1초'의 기준이 되는 '세슘 원자시계'를 제트기에 실어 고도 높은 상공으로 띄운 뒤, 시간의 흐름 변화를 측정하고자 한 것입니다. 세슘 원자시계는 15자리까지 정밀하게 1초를 계측할 수 있습니다. 이 시계를 실은 제트기가 지구를 한 바퀴 돌아온 시점에, 지상에 남겨둔 세슘 원자시계와 비교했더니, 1천만 분의 1초에서 1억 분의 1초 정도로 아주 미세한 차이이긴 하지만, 실제로 시간이 느리게 흐른다는 사실이 확인되었습니다.

또한 일반 상대성 이론에 따르면, 고도가 높은 곳일수록 중력의 영향이 아주 조금 약해지기 때문에, 시간이 더 빠르게 흐릅니다. 이 사실을 검증하기 위해, 1980년대에 미국항공우주국(NASA)은 세슘 원자시계를 고도 1만 킬로미터 상공으로 쏘아 올려 시간의 흐름을 측정했고, 일반 상대성 이론이 옳다는 사실을 입증했습니다.

나아가 2020년에는 세슘 원자시계보다 훨씬 더 정밀한 '광격자 시계'를 개발한 도쿄대학 가토리 히데토시 교수 연구팀이 실험을 진행했습니다. 그들은 도쿄 스카이트리의 전망대와 지상층에 각각 광격자 시계를 설치했으며, 그 결과 지상보다 중력이 아주 미세하게 약한 전망대의 시계가 약 4.26나노초(1나노초는 10^{-9}초) 더 빠르게 흐른다는 사실을 확인했습니다.

현재 일반 상대성 이론이 예측한 '고도가 높을수록 중력이 미세하게 약하기 때문에 시간이 더 빠르게 흐른다'는 사실은, GPS(전 지구 위치 측정 시스템)나 내비게이션 같은 위치 정보 시스템에도 실제로 활용되고 있습니다. GPS는 사용자의 위치를 측정하기 위해 인공위성의 위치와 시각 정보를 이용합니다. 그런데 인공위성의 시각 정보가 1마이크로초(100만 분의 1초)만 어긋나도, 지상에서는 약 300미터의 오차가 발생할 수 있기 때문에 정확한 시각 정보가 필요합니다. 하지만 인공위성은 지상보다 중력이 약한 높은 고도에서 지구 주위를 공전하기 때문에, 지상보다 시간이 더 빠르게 흐릅니다. 이에 따라 하루에 약 38마이크로초 정도의 시각 차이가 발생하며, 보정하지 않을 경우 위치 정보로 환산하면 1킬로미터가 넘는 오차를 초래할 수 있습니다. 그래서 GPS 시스템은 일반 상대성 이론에 따라 이 시각 차이를 보정하여 더 정확한 위치를 계산해내고 있습니다. 즉 우리는 의식하지 못한 채, 일상생활 속에서 일반 상대성 이론의 혜택을 누리고 있었던 셈입니다.

일반 상대성 이론이 입증한
블랙홀의 존재

일반 상대성 이론의 '중력장 방정식'은 '블랙홀'이라 불리는 기묘한 천체의 존재도 예측합니다. 블랙홀에 대한 이론적 발견은 1916년, 독일의 천문학자 카를 슈바르츠실트가 아인슈타인의 논문을 바탕으로 구대칭인 시공간에 대한 중력장 방정식의 해를 찾아낸 데에서 비롯되었습니다.

일반적으로 우주에 존재하는 별들은 수명을 가지고 있습니다. 태양보다 훨씬 무거운 항성은 내부에서 핵융합 반응을 지속하며 빛을 내지만, 결국 에너지를 다 소모하면 자체 중력에 의해 급격히 수축하기 시작합니다. 이 과정에서 밀도가 높아지면 별의 표면 중력도 점점 커지고, 그로 인해 주변 시공간은 심하게 뒤틀리게 됩니다. 결국 그 별의 주변에 있던 모든 물질은, 심지어 빛조차도 이 강력한 중력을 벗어날 수 없게 됩니다. 그리고 마지막에는 별을 이루던 질량이 중심에 있는 한

점으로 붕괴되면서, 그 주변에는 아무것도 빠져나올 수 없는 공간 영역이 생겨납니다. 이것이 바로 블랙홀입니다.

관측으로는 1971년, 미국항공우주국(NASA)의 X선 천문위성이 처음으로 블랙홀로 추정되는 천체를 발견했습니다. 블랙홀 자체는 직접 볼 수 없지만, 주변의 가스를 강하게 빨아들일 때 그 가스에서 X선이 방출된다고 알려져 있으며, 당시 관측된 것도 바로 그 X선이었습니다. 현재는 많은 은하 중심에 초대질량 블랙홀이 존재한다는 사실이 밝혀졌습니다. 우리 은하 안에도 약 1억~10억 개의 블랙홀이 존재할 것으로 추정되며, 그중 약 100개는 실제로 관측이 되었습니다.

또한 일반 상대성 이론은 '중력파'의 존재도 예측했습니다. 중력파란 시공간의 휘어짐이 마치 파도처럼 공간을 따라 퍼져나가는 현상인데, 블랙홀이나 중성자별처럼 거대한 질량을 가진 천체들이 서로 합체하거나 초신성 폭발을 일으켰을 때 발생합니다. 하지만 중력파로 인해 생기는 시공간의 변화는 극히 미세하기 때문에, 이를 검출하려면 매우 고도의 기술이 필요합니다. 이러한 중력파를 관측하기 위해 여러 나라에서 '레이저 간섭계'가 개발되었고, 지금도 활발한 관측이 이루어지고 있습니다.

'중력파 관측 장치는 중력파만 빼고 뭐든 다 관측할 수 있다'는 야유를 받을 정도로, 중력파 관측은 매우 어려운 과제로 여겨졌습니다. 그러나 아인슈타인의 예측으로부터 정확히 100년이 지난 2016년, 미국의 중력파 관측 장치 'LIGO'는 마침내 중력파를 직접 관측하는 데 성공했다고 발표했습니다. 중력파 관측은 '아인슈타인의 마지막 숙제'로 불릴 정도로 상징적이었고, 이 빅뉴스는 전 세계 과학계를 뒤흔들었습니다. LIGO를 통해 중력파 검출에 성공한 세 명의 물리학자-매사추세츠공과대학(MIT)의 라이너 바이스 교수, 캘리포니아공과대학의 배리 배리시 교수와 킵 손 교수-는 이 세계적 업적을 인정받아 2017년 노벨 물리학상을 공동 수상했습니다. 발표 이듬해라는 이례적으로 빠른 수상이었습니다.

그 결과, '중력파 천문학'이라 불리는 새로운 천문학의 시대가 열렸습니다. 중력파를 활용함으로써, 기존의 빛을 이용한 방법으로는 관측할 수 없었던 '초기 우주'를 직접 관측할 수 있을 것으로 기대를 하고 있습니다.

또한 일반 상대성 이론에 의해 시간과 공간이 휘어지고, 늘어나거나 줄어들 수 있다는 사실이 분명해지면서, 우주가 팽창하고 있다는 사실도 확실해졌습니다. 이를 바탕으로 '빅뱅 이론'과 '급팽창 이론(인플레이션 이론)' 같은 우주론이 등장하게 되었습니다.

그러나 1917년 당시, 우주는 정적인 존재이며 팽창도 수축도 하지 않는다고 굳게 믿었던 아인슈타인은, 자신이 일반 상대성 이론으로 도출한 계산 결과를 받아들이지 못하고, 결국 보정을 위해 하나의 항을 덧붙였습니다. 바로 '우주항(우주정수)'이라 불리는 항입니다. 이 항을 통해 중력의 효과를 상쇄함으로써, 인위적으로 정적인 우주해를 이끌어낸 것입니다. 하지만 12년 후인 1929년, 미국의 천문학자 에드윈 허블이 실제로 우주의 팽창을 발견했고, 이에 따라 아인슈타인은 우주항을 철회하고 정적인 우주 모델을 포기하게 되었습니다(같은 시기에 벨기에의 천문학자이자 가톨릭 사제였던 조르주 르메트르도 우주 팽창을 발견했습니다). 이 일과 관련해 아인슈타인은 훗날, '내 생애 최대의 실수였다.'라고 말했다는 일화가 남아 있습니다.

그리고 1998년, 초신성 관측 결과를 통해 우주가 지난 50억 년 동안 가속 팽창해왔다는 사실이 밝혀졌습니다. 이와 관련된 이야기는 제4장에서 자세히 다루겠습니다.

여기까지가 고전 물리학이라 불리는 물리학 체계입니다. 이제 제3장부터는 '현대 물리학' 해설에 들어가보겠습니다. 현대 물리학으로 분류되는 양자론은 20세기가 막 시작되기 직전인 1900년, 독일의 물리학자 막스 플랑크가 발표한 논문에서 비롯되었다고 전해집니다. 이는 아인슈타인이 특수 상대성 이론을 발표하기 몇 년 전의 일이었습니다.

3

물리학의 상식을 뒤엎은
양자의 힘
[양자역학]

물리학 역사의 대혁명, '양자론'

20세기 들어, 상대성 이론과 거의 같은 시기에 구축되기 시작한 이론
이 바로 '양자론'입니다. 상대성 이론이 천재 물리학자 아인슈타인이
거의 혼자 힘으로 완성한 이론이라면, 양자론은 수많은 과학자가 오
랜 시간에 걸쳐 하나씩 쌓아 올린 이론입니다. 이 과정에서 여러 명의
노벨상 수상자도 나왔습니다. 양자론은 물리학 역사에서 하나의 대
혁명이라고 할 수 있으며, 고전 물리학과는 개념적으로도 매우 큰 비
약이 있었습니다. 그래서 한 사람의 힘만으로는 완성할 수 없는 이론
이었다고도 볼 수 있습니다.

　또한 '양자역학'이라는 말도 요즘 자주 귀에 들어올 겁니다. 일반적
으로 양자론은 미시 세계의 물리 현상에 대한 개념적 틀이고, 양자역학
은 양자론을 바탕으로 그 물리 현상을 수학적으로 기술하기 위한 방법
론으로 구분해서 설명하는 경우가 많습니다. 하지만 실제로 이 두 용어
는 전문 연구자들 사이에서 거의 같은 의미로 사용됩니다. 따라서 앞으
로는 '양자론'과 '양자역학'의 구분에 크게 신경 쓰지 않아도 됩니다.

'양자'는 '띄엄띄엄'이라는 뜻

제3장에서는 양자론의 역사를 시간순으로 살펴보며 소개하겠습니다.

　'양자'란 대체 무엇일까요? 양자는 영어 'quantum(퀀텀)'을 번역한
말로, 물질의 양을 뜻하는 'quantity(퀀터티)'와 어원이 같습니다. 말 그

대로 '작은 덩어리', '불연속적인 양의 단위'를 의미하지요. 즉 아주 작은 물질이 가지는 에너지의 양(크기)이 불연속적으로 작은 덩어리를 이룬다는 뜻입니다. 양자라는 번역어는 다이쇼 시대에 만들어졌는데, 왜 이 표현이 선택되었는지는 확실치 않습니다. 다만, 우리 물리학자들은 이 단어에서 '띄엄띄엄'이라는 이미지를 떠올립니다. 그런 의미에서 양자론은 '띄엄띄엄 이론', 양자역학은 '띄엄띄엄 역학'이라고나 할까요.

양자라는 개념이 처음 등장한 것은 1900년, 19세기 마지막 해였습니다. 독일의 물리학자 막스 플랑크가 베를린 물리학회 강연에서 '에너지 양자 가설'을 발표한 것이 그 시작이었습니다.

에너지 양자 가설이란, '물체가 열이나 빛을 방출하거나 흡수할 때, 그 에너지는 연속적인 값을 취하지 않고 일정한 극미량(양자)의 정수배로만 주고받는다.'라는 것입니다. 플랑크는 이 가설을, 물질을 가열했을 때의 온도와 그에 따라 방출되는 빛의 색 사이의 관계를 연구하는 과정에서 발견했습니다. 그리고 이때 빛의 에너지에 대해 양자라는 개념을 처음으로 도입한 것입니다.

빛은 파동인가? 알갱이인가?

빛에 관한 본격적인 연구는 17세기 무렵부터 시작되었습니다. 빛의 정체가 '파동'인가 '입자'인가 하는 문제는 당시 과학자들이 수 세기에 걸쳐 논쟁해왔던 큰 과제였습니다. 그러던 중에 뉴턴은 태양광을

프리즘에 통과시키는 실험을 통해, 무색투명한 줄 알았던 빛이 일곱 가지 색으로 나뉜다는 사실을 발견했습니다. 뉴턴은 이 실험 결과를 바탕으로, 빛은 다양한 색을 가진 작은 입자들이 모인 것이라고 추측했고, 이를 '빛의 입자설'이라 불렀습니다. 그는 자신의 저서 《프린키피아》와 《광학》에서 이 이론을 설명했습니다. 이 빛의 입자설은, 뉴턴보다 앞서 '빛의 파동설'을 제창했던 네덜란드의 과학자 크리스티안 하위헌스와는 대립하는 이론이었습니다.

하위헌스는 뉴턴과 거의 같은 시대를 살았던 물리학자이자 수학자로, '빛의 정체는 파동이다.'라고 주장했습니다. 그는 1690년에 출간한 저서 《빛에 대한 논고》에서 회절 등 빛이 보이는 파동적 성질을 설명하며, '하위헌스의 원리'로 정리했습니다. 회절이란, 매질이나 공간 속에서 전달되는 파동이 장애물의 뒤쪽까지 회전하듯 전달되는 현상을 말합니다. 또한 그는 빛이 파동이라면 그 파동을 전파하는 매질이 반드시 존재한다고 보고, 이 매질이 '에테르'라는 가상의 물질일 것이라는 제안을 내놓았습니다.

파동의 기본 성질

여기에서는 먼저 파동의 기본적인 성질과 용어의 의미부터 정리해보겠습니다. 파동이란, 물질이 진동하면서 그 진동이 주위로 퍼져나가는 현상을 말합니다. 우리 가까이에는 물결이 퍼져나가는 수면의 파동, 공기를 통해 전달되는 음파, 땅으로 전해지는 지진파 등의 파동이 있습니다.

파동은 '파장', '진폭', '진동수' 등의 요소로 나타냅니다. 파동이 높은 부분(산)과 낮은 부분(골)이 교대로 이어지는데, 산과 산의 꼭짓점, 또는 골과 골의 꼭짓점을 연결한 길이를 파장이라고 합니다. 또한 진폭은 산의 높이나 골의 깊이를 의미하며, 진폭이 클수록 가지는 에너지도 커집니다. 그리고 진동수는 '주파수'라고도 하며, 파동이 1초 동안 산과 골의 변화를 몇 번 반복하는지를 나타내는 수치입니다. 파장과 진동수는 반비례 관계에 있어, 파장이 길수록 진동수는 작고, 파장이 짧을수록 진동수는 커집니다.

영의 '이중 슬릿 실험'

다시 빛의 입자설과 파동설의 대립 이야기로 돌아가보겠습니다. 뉴턴이 빛의 입자설을 주장했던 영향으로, 17세기에는 빛의 입자설이 더 설득력 있게 받아들여졌습니다. 하지만 1805년경, 영국의 물리학자 토머스 영이 '이중 슬릿 실험'이라 불리는 실험을 통해 빛의 간섭 현상을 관측합니다. 간섭이란, 둘 이상의 파동이 겹치면서 새로운 파형을 만들어내는 현상을 말합니다. 예를 들어 두 파동의 산과 산, 골과 골끼리 겹치면 진폭이 더 커지고, 반대로 산과 골이 겹치면 서로를 상쇄시켜 파동이 사라지기도 합니다.

영은 두 개의 평행한 슬릿이 뚫린 판에 빛을 비추는 실험을 통해, 그 빛이 슬릿을 통과하면서 간섭을 일으켜, 앞에 놓인 스크린에 밝고 어두운 줄무늬인 '간섭무

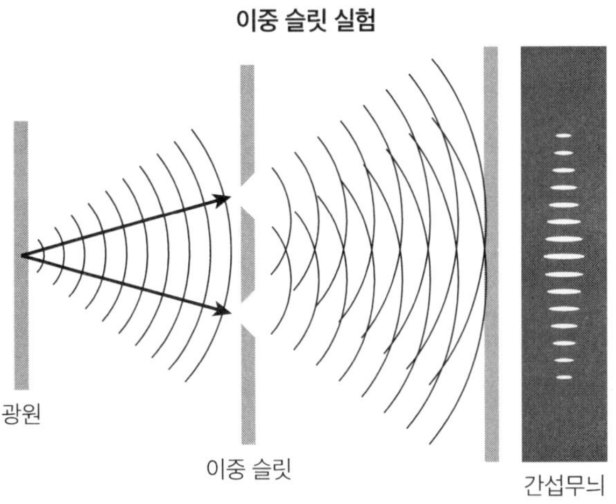

늬'를 형성한다는 사실을 밝혀냈습니다. 그때까지는 빛의 파동성을 직접 증명하는 실험이 없었기 때문에, 이 실험을 계기로 빛의 파동설이 급속히 유력해졌습니다.

맥스웰이 밝혀낸 빛의 정체

그 후에도 다양한 실험이 이루어지면서 19세기 중반에는 빛의 파동설이 완전히 정착되었습니다. 그리고 그 결정타가 된 것이 영국의 물리학자 맥스웰이 전자파의 존재를 이론적으로 예언한 것이었습니다.

제1장에서도 살펴봤듯이, 18세기 중반에는 영국의 화학자이자 물리학자인 패러데이가 전기와 자기에 관한 연구를 비약적으로 발전시켰고, 그 결과 19세기에는 전기와 자기가 서로 밀접한 관계가 있다는 사실이 분명해졌습니다. 이후 1864년, 맥스웰은 패러데이의 전자장

이론을 바탕으로 전기장(전기력이 작용하는 공간)과 자기장(자기력이 작용하는 공간)이 진동하면서 공간을 따라 전파된다는 사실을 예언했습니다. 이것이 전기와 자기의 파동, 즉 전자파입니다. 이어서 맥스웰은 이 전자파가 전파되는 속도를 계산했고, 그것이 놀랍게도 빛의 속도(초속 약 30만 킬로미터)와 일치한다는 사실을 발견했습니다. 이에 따라 그는 '빛은 전자파의 일종이다.'라는 결론을 내렸습니다. 이후 1888년, 독일의 물리학자 하인리히 헤르츠가 전기와 자기의 파동이 공간을 통해 전해진다는 것을 실험으로 입증하여, 전자파의 존재가 증명되었습니다. 이렇게 해서 빛의 파동설은 사실상 확립된 것처럼 보였습니다.

용광로에서 태어난 양자론

그러나 빛이 파동이라면 도무지 이해되지 않는 점도 있었습니다. 당시 과학으로는, 열을 가한 물체에서 방사되는 빛의 특성을 제대로 설명할 수 없었던 것입니다. 앞서 설명했듯이(110쪽), 이 수수께끼를 풀기 위한 연구 끝에 1900년에 플랑크가 에너지 양자 가설을 이끌어낸 것입니다.

이 가설은 앞서 설명한 바와 같이, 물질을 가열했을 때의 온도와 그 물질이 방사하는 빛의 색 사이의 관계를 연구하는 과정에서 나왔습니다. 그 배경에는 '용광로 안의 온도를 정확히 알고 싶다.'라는 당시 산업계의 절실한 요구가 있었습니다.

19세기 후반, 독일의 알자스로렌 지역은 석탄과 철광석의 산지로서 번성했습니다. 이 자원을 원재료로 하여 용광로에서 철을 생산하는 제

철소가 활기를 띠었지요. 질 좋은 철을 만들려면 용광로 내부의 철의 온도를 정확히 제어하는 것이 필수였지만, 수천 도에 이르는 고온을 측정할 수 있는 온도계는 존재하지 않았습니다. 당시에는 장인의 감과 경험에 의존하여, '철에서 방사되는 빛의 색이 이 정도라면 온도는 대략 이쯤이겠지.' 하는 식으로 어림짐작할 수밖에 없었습니다. 이 때문에 가열한 물질의 온도와 그것이 방사하는 빛의 색 사이의 관계를 더 정확하게, 그리고 과학적으로 알고 싶다는 강한 요구가 있었습니다. 그리고 그 결과, 많은 물리학자가 이 과제에 매달리게 되었습니다. 그 중 한 사람이 바로 플랑크였습니다.

새로운 물리학의 문을 연
'에너지 양자 가설'

빛의 색 차이는 파장의 차이에서 비롯됩니다. 어떤 특정한 빛 속에 어떤 파장의 빛이 얼마나 포함되어 있는지를 알아보는 작업을 '빛의 스펙트럼 조사'라고 합니다.

플랑크는 철이 방사하는 빛의 스펙트럼을 조사했습니다. 먼저 철의 온도와 그 온도에서 나오는 빛의 색을 관측하고 이를 그래프로 기록했습니다. 온도는 철을 구성하는 무수한 원자의 평균 운동 에너지로 해석할 수 있으므로, 뉴턴 역학을 이용해 원자의 운동 에너지를 계산했습니다. 여기에 맥스웰 방정식을 사용하여 각 온도에 해당하는 전자파의 파장을 이론적으로 구했습니다. 그런 다음, 뉴턴 역학과 맥스웰 방정식을 사용해서 나온 결과와 실제 관측 결과를 비교했는데, 놀랍게도 두 결과는 전혀 맞지 않았습니다.

플랑크는 연구를 이어가던 중, 한 가지 가설에 이르렀습니다. '빛(전자파)의 에너지는 연속적인 것이 아니라 하나, 둘처럼 셀 수 있는 작은 덩어리로 이루어진 것은 아닐까?'라는 생각이었습니다. 그리고 그는 다음과 같은 결론에 도달했습니다. '어떤 진동수를 가진 빛(전자파)의 에너지는, 그 진동수에 특정한 정수를 곱한 최소 단위로 존재하며, 항상 그 정수배의 값만 가질 수 있다.' 이것이 바로 에너지 양자 가설입니다. 여기서 플랑크가 제시한 이 특정한 정수는, 양자론에서 매우 중요한 상수이므로 꼭 기억해두어야 합니다.

에너지 양자 가설을 바꿔 말하면, 플랑크 상수를 h라고 하고 진동수가 v(뉴)인 빛(전자파)의 에너지를 측정했을 때, 그 값은 hv, $2hv$, $3hv$……처럼 정수배로만 나온다는 것입니다. 즉 빛 에너지는 연속적인 값이 아니라 hv를 단위로 하는 값을 띄엄띄엄 가질 수 있다는 것이지요. 그리고 이 한 덩어리의 최소 단위를 양자라고 부른 것입니다.

기존 물리학에 따르면, 파동인 빛의 에너지는 진동수에 관계없이, 어떤 값이든 취할 수 있었습니다. 애초에 자연 현상에서 물리량은 연속적으로 변화한다고 생각했기 때문에, '불연속적으로 변화한다, 즉 값을 띄엄띄엄 가질 수밖에 없는 경우가 있다.'라는 발상은 당시의 상식과는 완전히 어긋나는 것이었습니다. 예를 들어 자동차가 가속할 때는 속도가 연속적으로 올라갑니다. 속도가 시속 10킬로미터에서 20킬로미터로, 또 30킬로미터로 갑자기 뛰는 경우는 없지요. 그래서 플랑크의 가설은 당시 물리학자들에게 커다란 충격이었습니다.

그러나 플랑크의 에너지 양자 가설을 계기로 물리학 연구는 급속히 진전되었고, 곧 양자론으로 발전하게 되었습니다. 19세기는 뉴턴 역학을 기반으로 한 기존 물리학이 완성되었다고 여겨지던 시대였습니다. 그런 19세기의 마지막 해에 플랑크는 전혀 새로운 물리학의 문을 열었던 것입니다. 그래서 플랑크는 오늘날 '양자역학의 아버지'라고 불리게 되었습니다.

참고로, 기존 물리학에서 '물리량은 연속적으로 변화한다'고 여겨졌던 데에는 그 나름의 이유가 있었습니다. 그것은 플랑크 상수 h가 '$6.626 \times 10^{-34} \, \mathrm{m^2kg/s}$'처럼 극히 작기 때문입니다. 값이 너무 작다 보니 우리는 물리량의 불연속성을 체감하지 못했고, 생활하는 데도 아무런 지장이 없었던 것입니다.

빛의 이중성, 아인슈타인으로로부터

한편, 플랑크는 '빛은 입자이다.'라고 단정 지어 말하지는 않았습니다. 그는 빛의 에너지가 덩어리처럼 보이는 것이, 가열한 물체에서 방출되는 특정한 경우에만 나타나는 현상이라고 보았기 때문입니다. 이러한 프랑크의 생각을 한 걸음 더 발전시켜, '진동수가 v인 빛은 에너지가 hv인 입자의 집합이다.'라고 제안한 사람은 1905년 당시 26세였던 특허국 직원 아인슈타인이었습니다. 그는 빛을 입자로 간주해야 하는 현상이 가열한 물체에서 나오는 방사뿐만 아니라 다른 경우에도 일어난다고 주장하며, 이 빛의 입자에 '광양자'라는 이름을 붙였습니다. 이것이 제

2장에서 다룬 '광양자 가설'입니다.

하지만, 영의 이중 슬릿 실험 등이 보여준 빛의 간섭 현상 역시 부정할 수는 없었습니다. 이처럼 빛은 알갱이이면서 동시에 파동이기도 하다는 신기한 이중성을 지닌다는 사실이 서서히 드러났습니다. 플랑크가 제시한 '에너지는 불연속적인 값으로만 얻어진다.'라는 양자의 개념에 더해, '물질은 파동이자 입자라는 이중성을 지닌다.'라는 개념 또한 기존 물리학이 완성된 이론이 아니었음을 분명히 보여주는 것이었습니다.

원자와 전자의 발견

미시 세계를 다루는 양자론은, 당연하지만 원자나 전자와 깊은 관련이 있습니다. 그래서 본격적으로 양자론을 살펴보기 전에, 먼저 원자와 전자에 관한 역사를 간단히 되짚어보겠습니다.

우리는 물질이 원자로 이루어져 있다는 사실을 알고 있습니다. 원자는 영어로 'atom(아톰)'이라고 하며, 이는 고대 그리스 철학자 데모크리토스가 자연을 이루는 것 중에 더 이상 나눌 수 없는 최소 단위를 가정하고, 그것을 'atomos(분할할 수 없는 것)'라고 부른 데서 유래했습니다.

이후 자연과학에서 원자의 존재가 본격적으로 제기된 것은 19세기 초였습니다. 영국의 화학자이자 물리학자인 존 돌턴이 그 시작을 열었지요. 돌턴이라는 이름을 듣고, 교과서에 나오는 '돌턴의 법칙'을 떠올리는 분들도 있겠지요. 그는 화학자로서 근대 화학의 기초가 되는 원자설을 제창했습니다.

돌턴의 원자설은 다음과 같습니다. '모든 원소는 일정한 질량과 크기를 지닌 원자로 이루어진다. 이 원자는 더 이상 나눌 수 없는 입자이며, 다른 원소의 원자로 변하지 않는다. 또한 원자는 새로 생성되거나 소멸되지 않는다. 화합물은 서로 다른 종류의 원자가 간단한 정수비로 결합하여 만들어진다.' 당시에는 원자를 직접 관측할 수 있는 장치는 없었기 때문에, 원자의 존재를 확인할 수는 없었습니다. 그럼에도 돌턴의 원자설은 물질의 화학 반응 결과와 여러 화학 법칙을 잘 설명했기 때문에 널리 받아들여졌습니다.

그러던 중, 1897년에 전자가 발견되었습니다. 이를 발견한 사람은 영국의 물리학자 조지프 존 톰슨입니다. 그는 '음극선(진공 속에서 관찰되는 전자의 흐름)'의 특성을 조사하는 실험을 통해, 원자 안에 전자라는 입자가 존재한다는 사실을 밝혀냈습니다. 이 발견을 통해, '원자는 더 이상 나눌 수 없는 입자'라는 기존의 생각이 틀렸다는 사실이 드러났습니다.

또한 톰슨은 실험 결과를 바탕으로, 전자의 질량은 가장 가벼운 원자인 수소 원자의 1/1000에 불과하다고 예상했습니다. 한편, 음극선 연구와는 별도로 네덜란드의 물리학자 피터르 제이만의 연구팀 역시 실험을 진행했고, 그 결과 전자는 음의 전하를 지니며 원자보다 작은 입자라는 결론에 이르렀습니다.

그 후, 미국의 물리학자 로버트 밀리컨은 전자의 질량을 측정하여, 전자가 수소 원자의 약 1/2000에 해당하는 질량을 가졌다는 사실을 밝혀냈습니다. 또한 그는 제2장에서 소개한 '광전 효과'에 대한 연구로 1923년 노벨 물리학상을 받았습니다.

서서히 밝혀진
원자핵의 내부 구조

이처럼 '더 이상 나눌 수 없는 입자'로 여겨졌던 원자 안에 전자가 존재한다는 사실이 밝혀지자, 자연스럽게 이런 의문이 생겼습니다.

'그렇다면 원자 내부는 어떤 구조로 이루어져 있을까?'

과학자들 사이에서 원자 내부 구조에 대한 관심이 높아지던 가운데, 1911년에 영국의 물리학자이자 화학자인 어니스트 러더퍼드는 '러더퍼드의 원자 모형'을 제안했습니다. 그는 α선(헬륨의 원자핵)을 이용한 실험을 통해, 원자핵을 발견했습니다. 이 실험 결과를 바탕으로 발표한 것이 바로 러더퍼드의 원자 모형입니다.

이 원자 모형에 따르면, 원자의 중심부에는 양이나 음의 전하를 띤 원자핵이 있고, 그 주변을 전자들이 돌고 있습니다. 러더퍼드는 원자핵은 원자의 크기에 비해 매우 작지만, 원자 질량의 대부분을 차지한다고 봤습니다. 또한 원자핵에 양이나 음의 전하가 집중되어 있다고 추측했습니다.

그 후 다양한 실험 결과를 바탕으로, 러더퍼드는 1920년에 원자핵을 구성하는 입자로 양전하를 띤 양성자와 전기적으로 중성인 중성자가 존재하리라 예측했습니다.

그로부터 12년이 더 지난 1932년, 영국의 물리학자 제임스 채드윅이 러더퍼드의 예측대로 실험을 통해 중성자를 발견했습니다. 이 발견을 계기로, 원자핵은 양성자와 중성자로만 구성되어 있으며, 전자는 존재하지 않는다는 이론이 제기되어 널리 지지받게 되었습니다.

'러더퍼드의 원자 모형'은
왜 고전 물리학으로 설명할 수 없었을까?

한편, 1911년 러더퍼드의 원자 모형이 제안된 초기부터 사실 이 원자 모형에는 큰 결함이 있다는 점이 지적되었습니다. 당시의 물리학 이론인 뉴턴 역학과 맥스웰 방정식에 따르면, 전하를 띤 입자가 원운동(가속 운동)을 하면, 그 입자는 반드시 빛(전자파)을 방출해서 에너지를 잃게 됩니다.

따라서 원자핵 주위를 전자가 돌고 있다고 가정하면, 전자는 에너지를 방출하면서 원자핵에 점점 가까워지고, 결국에는 원자핵과 충돌하게 됩니다. 계산에 따르면, 이 과정은 약 10^{-11}초, 즉 1,000억 분의 1초만에 일어나며, 이는 곧 원자 구조가 안정적으로 유지될 수 없음을 의미합니다. 결국, 뉴턴 역학이나 맥스웰 방정식만으로는 러더퍼드의 원자 모형을 설명할 수 없었던 것입니다.

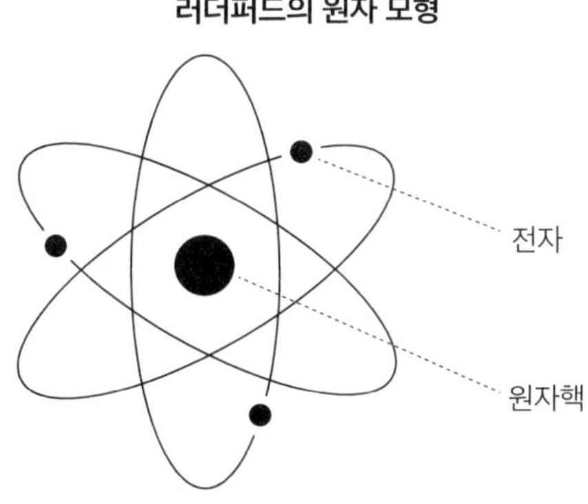

러더퍼드의 원자 모형

돌파구를 찾아낸 '보어의 원자 모형'

그러던 중, 젊은 물리학자 닐스 보어가 이 결함을 해결할 실마리를 제시했습니다. 덴마크 출신인 보어는 코펜하겐대학교에서 물리학을 공부한 뒤, 1911년 러더퍼드의 원자 모형이 발표되던 해에 영국 케임브리지대학교로 유학을 떠났고, 조지프 존 톰슨과 러더퍼드의 지도를 받았습니다. 당시에 러더퍼드의 연구실에서는 원자 모형의 결점에 대해 활발한 논의가 이루어지고 있었습니다.

보어는 1912년 말, 유학을 마치고 덴마크로 돌아왔습니다. 그는 귀국 직후 친구와 대화하던 중 '발머 계열'에 대한 정보를 얻었는데, 이는 수소 원자가 방출하는 가시광선 스펙트럼의 파장을 간단한 수식으로 표현할 수 있다는 것이었습니다. 이 법칙은 1884년, 스위스의 물리학자이자 수학자인 요한 야코프 발머가 실험을 통해 발견한 것으로, 얼핏 불규칙해 보이는 선 스펙트럼에 사실은 규칙성이 숨어 있다는 사실을 보여주었습니다. 곧장 발머 계열에 대해 조사한 보어는, 러더퍼드의 원자 모형의 결점을 해결할 수 있는 돌파구를 찾아내게 되었습니다.

발머 계열을 힌트로 보어가 생각한 것이 바로 '보어의 원자 모형'입니다.

보어는 가장 단순한 구조를 가진 원자인 수소 원자를 바탕으로, 원자 구조를 생각했습니다. 수소 원자는 양전하를 띤 양성자 하나로만 이루어진 원자핵에, 음전하를 띤 전자 하나가 그 주위를 도는 구조를 지닙니다. 전자는 수소 원자 내부에 여러 개의 원형 궤도를 갖고 있으며, 그 궤도의 반지름은 값이 띄엄띄엄 떨어져 있습니다. 이 외의 궤도는 허용되지 않지요. 전자가 이렇게 정해진 반지름 궤도를 돌고 있을 때는 일정 에너지 상태를 유지하며 빛(전자파)을 방출하지 않습니다. 보어는 이러한 전자 상태를 '정상 상태'라고 이름 붙였습니다.

또한 전자는 바깥쪽 궤도를 돌고 있을 때 에너지가 더 높고, 안쪽 궤도를 돌고 있을 때는 낮다고 했습니다. 전자가 하나의 궤도에서 다른 궤도로 이동하는 현상(천이)이 일어날 때는, 두 궤도 사이의 에너지 차이만큼 에너지를 흡수하거나 방출한다고 합니다.

보어의 '양자 조건'이란

또한 보어는 원자 내부 전자의 궤도 반지름과 관련하여, '양자 조건'이라 불리는 규칙을 설정했습니다. 그에 따르면, '궤도 한 바퀴의 길이(궤도 반지름×2×원주율)에 전자의 운동량(전자의 질량×속도)을 곱한 값은, 플랑크 상수 h의 정수배여야 한다.'라는 것입니다. 즉 전자의 궤도 반지름은 플랑크 상수 h를 포함한 최소 단위(양자)의 정수배에 비례하는 값으로 제한된다는 뜻입니다.

전자가 원운동을 할 때는, 전자에 작용하는 원심력과 원자핵으로부터 받는 전기적 인력이 서로 균형을 이루는 식이 성립합니다. 그 식에 보어의 양자 조건을 적용하면, 전자의 궤도 반지름이나 정상 상태의 전자 에너지를 계산할 수 있습니다.

보어는 이 양자 조건을 통해, 전자의 에너지에는 최저 한계가 존재하며, 그보다 낮은 에너지는 가질 수 없다고 설명했습니다. 이 개념 덕분에, 전자가 에너지를 잃고 원자핵에 흡수된다는 러더퍼드 원자 모형의 한계를 극복할 수 있게 된 것입니다.

양자역학의 기초가 된 '물질파(드브로이 파동)'

그러나 이로써 모든 문제가 해결된 것은 아니었습니다. 왜냐하면 보어가 제안한 이론에는 근거가 없었기 때문입니다. 무엇보다 보어의 원자 모형은 수소 원자에만 적용할 수 있었습니다. 그렇다고 이 이론이 엉터리 이론이라고 보기도 어려웠습니다. 그래서 보어의 제자들은 이론의 근거를 찾기 위해 탐색을 시작했습니다.

그리고 약 10년 뒤인 1924년, 마침내 보어 이론의 근거가 될 만한 새로운 이론이 발표되었습니다. 프랑스의 이론 물리학자 루이 드 브로이는 '전자를 하나의 파동으로 간주할 수 있다.'라는 획기적인 아이디어를 제안했습니다. 드 브로이는 프랑스의 명문 귀족 가문 출신 공작으로, 원래는 외교관이 되기 위해 역사를 공부했지만, 파리대학교 재학 중 물리학과 수학에 매료되어 이과로 전향한 인물입니다.

여기서 '전자를 하나의 파동으로 간주한다.'라는 말을 듣고 아인슈타인의 '광양자 가설'을 떠올린 사람도 많을 것입니다. 광양자 가설은 '기존에 파동으로 여겨졌던 빛을 입자(광자)로 간주한다.'라는 이론입니다. 이에 착안한 드 브로이는 아인슈타인의 광양자 가설을 출발점으로 삼아, '기존에 입자로만 여겼던 전자를 파동으로 간주한다.'라는 아이디어를 생각해낸 것입니다. 그는 광양자 가설 중에서 아인슈타인이 제안한 '광자의 운동

량과 파장의 관계식'을 전자에 그대로 적용했습니다. 또한, 전자뿐만
아니라 모든 물질은 그 관계식으로 구할 수 있는 파장을 가진 파동이
라고 생각하고, 이 파동을 '물질파'라고 이름 붙였습니다. 이 물질파는
당시에는 고립된 아이디어였지만, 이후 '슈뢰딩거 방정식'으로 결실을
맺으며 양자역학의 기초로 자리 잡게 되었습니다. 물질파는 '드브로이
파동'이라고도 불립니다.

보어의 양자 조건을 푸는 열쇠

그렇다면 드 브로이가 생각한 물질파(드브로이 파동)는 대체 어떤 것
일까요?

파동은 어떤 한 점에 국한되지 않고, 넓게 퍼져서 존재합니다. 따라
서 전자를 파동으로 본다면, 그 파동은 원자핵 주위로 넓게 펼쳐져 존
재한다고 생각할 수 있습니다. 하지만 이 경우 전자의 파동이 한 바퀴
를 돌아 다시 제자리로 왔을 때, 처음 파동과 위상이 정확히 일치하지
않으면 파동 간섭으로 인해 진폭이 점점 작아지고, 몇 바퀴를 도는 동
안 파동은 결국 사라지게 됩니다. 즉 전자의 파동이 원자핵 주위를 따
라 안정적으로 존재하려면, 한 바퀴를 돌고 온 파동이 자신과 정확히
겹쳐야 합니다. 이 조건을 만족시키기 위해서는, '전자 파동의 한 바퀴
길이는 반드시 그 파장의 정수배가 되어야 한다.'라는 규칙이 필요합
니다.

예를 들어 전자 궤도의 원둘레 길이가 4, 파장이 1이라고 가정하면,

파동으로서의 전자는 한 바퀴에 정확히 4번의 진동(주기)을 하며 출발점으로 되돌아오게 됩니다. 반면, 파장이 3인 경우에는 출발점으로 정확히 돌아오지 못합니다.

드 브로이는 보어의 양자 조건을 설명할 열쇠가 바로 이 파동성에 있다고 보았습니다. 즉 전자의 궤도 반지름에 양자 조건이 적용되는 이유는, 전자가 파동이기 때문이라는 해석이 가능하다는 것입니다. 이처럼 드 브로이는 전자의 궤도 반지름에 보어의 양자 조건이 성립하는 물리적 근거를 제시했습니다.

한편, 드 브로이는 전자의 정체는 파동이지만, 겉으로는 입자의 성질을 나타내지 않을까 추측했습니다. 그는 원자 내부에서 전자가 어떤 모습으로 존재하는지 이론적으로 설명하고자 했지만, 끝내 완전한 이론을 세우지는 못했습니다. 하지만 그가 제시한 아이디어는 이후 전자에 대한 연구가 발전하는 계기가 되었습니다.

전자의 파동성을 실험으로 증명하다

그런 가운데, 1927년에는 전자가 파동처럼 행동한다는 사실이 한 실험을 통해 우연히 증명되었습니다.

미국의 물리학자 클린턴 데이비슨과 레스터 거머는, 니켈 금속의 결정 구조를 조사하기 위해 니켈 표면에 전자빔을 비스듬히 쏘고, 반사되는 전자의 움직임을 관측하고 있었습니다. 그런데 실험 도중, 니켈 결정에 의해 산란한 전자빔이 회절 무늬를 보인다는 사실을 발견했습니다. 이는 전자빔이 간섭하고 있다는 것, 즉 전자빔이 파동이라는 증거였습니다.

마찬가지로 1927년, 영국의 물리학자 조지 패짓 톰슨도 금속 박막 결정에 전자빔을 쏘아, 전자의 회절과 간섭 현상을 관측하는 데 성공했습니다. 전자의 파동성을 입증한 공로로, 데이비슨과 톰슨은 1937년에 노벨 물리학상을 받았습니다. 흥미롭게도, 조지 패짓 톰슨은 전자를 처음 발견한 조지프 존 톰슨의 아들입니다. 아버지는 1906년에 전자 발견으로 노벨 물리학상을 받았으니, 부자가 모두 전자에 관한 발견으로 노벨 물리학상을 받게 된 것입니다.

'슈뢰딩거 방정식'이란

여기서 잠시 시간을 거슬러, 드 브로이가 물질파를 제안했던 시점으로 돌아가보겠습니다. 아인슈타인은 드 브로이의 아이디어를 높이 평가하여 자신의 논문에 인용하여 널리 알렸습니다. 이 논문을 접하고 물질파에 강한 흥미를 느끼게 된 인물이 있었는데, 바로 오스트리아의 물리학자 에르빈 슈뢰딩거입니다.

1926년, 슈뢰딩거는 물질파의 전파 양상을 수학적으로 기술하는 방정식을 발표했습니다. 이것이 그 유명한 '슈뢰딩거 방정식'입니다. 이 방정식을 통해, 물질이 어떤 형태의 파동을 지니며, 그 파동이 시간이 흐르면서 어떻게 전해지는지를 계산할 수 있게 되었습니다.

슈뢰딩거는 이 방정식을 이용해, 수소 원자 안의 전자 에너지가 보어의 양자 조건대로 띄엄띄엄 떨어져 있다는 사실을 확인했습니다. 슈뢰딩거의 이론은 '파동 역학'이라 불리며, 미시 세계에서 입자의 운동 법칙을 기술하는 양자역학의 기본 이론으로 자리 잡았습니다.

한편, 고전 물리학에도 '파동 방정식'이 존재합니다. 이 방정식은 수면의 파문, 음파, 전자기파 등 다양한 파동 현상에서 파동이 주위에 전달되는 모습을 기술하기 위해 기본이 되는 방정식입니다. 슈뢰딩거 방정식 역시 파동 방정식과 구조가 유사하지만, 조금 더 복잡한 형태를 가지고 있습니다.

슈뢰딩거 방정식에는 '파동 함수'라 불리는 함수가 포함되어 있으며, 일반적으로 ψ(프사이)라는 기호로 나타냅니다.

또한 슈뢰딩거 방정식에는 허수 단위 i가 포함되어 있다는 점도 주목할 만한 특징입니다. 우리가 일상적으로 다루는 수, 즉 수직선 위의 실수는 양수든 음수든 제곱을 하면 항상 양수가 됩니다. 그런데 제곱해서 −1이 되는 허수 단위 i를 도입하게 되면, 제곱을 했을 때 음수가 되는 새로운 종류의 수(허수 단위의 실수배)를 다룰 수 있게 됩니다. 이러한 수를 허수라고 합니다.

허수 단위를 나타내는 기호 i는 영어 'imaginary number'의 머리글자를 딴 것인데, 문자 그대로 수학 내에서 정의된 '가공의 수', '상상 속의 수'로 여겼습니다. 하지만 슈뢰딩거 방정식에는 실수와 허수를 조합한 '복소수'가 포함되어 있습니다. 즉 파동 함수 ψ는 복소수의 값을 가지는 함수이며, 물질파는 '복소수의 파동'으로 해석되는 것입니다. 한편, 음파나 전자기파를 나타내는 고전적인 파동 방정식은 실수만으로 이루어져 있으므로, 이들은 '실수의 파동'이라고 할 수 있습니다. 이

점에서 볼 때, 물질파는 음파나 전자기파와는 본질적으로 다른 성질을 지닌 새로운 파동임을 알 수 있습니다. 그렇다면, 복소수로 표현되는 파동이란 대체 어떤 파동일까요?

'파동 함수의 확률 해석'이란

파동 함수 ψ를 통해 알 수 있는 사실은, 전자의 파동이 한 점에 모여 있지 않고 다양한 위치에 널리 퍼져 있다는 점입니다. 이때 각 위치에서 파동 함수의 크기(파동의 진폭에 해당하는 것)도 제각각이라는 사실을 알 수 있습니다. 그러나 이것을 전자가 작은 덩어리가 아닌 구름이나 안개처럼 원자핵 주변에 흐릿하게 퍼져 있는 모습으로 상상해서는 안 됩니다. 우리는 지금까지 단 한 번도 전자가 그러한 형태로 존재하는 모습을 직접 관측한 적은 없습니다. 신기하게도 전자를 관측하면 반드시 한 지점에 모인 입자로 나타납니다.

이처럼 전자 파동의 정체를 둘러싸고 많은 논쟁이 펼쳐지면서 다양한 가설이 제기되었습니다. 이 가운데, 1926년에 '파동 함수의 확률 해석'이라는 대담한 아이디어를 제시한 인물이 나타났습니다. 독일의 이론 물리학자 막스 보른입니다.

파동 함수의 확률 해석이란, '전자의 파동은 신이 던진 주사위다.'라는 관점에서 출발합니다. 이 해석을 제안한 막스 보른은 1954년, 이 공로로 노벨 물리학상을 받았습니다. 유대계 독일 가정 출신으로, 같은 유대계 물리학자였던 아인슈타인과도 친분이 두터웠던 것으로 알려져 있습니다. 나중에 소개하겠지만, '신은 주사위 놀이를 하지 않는다.'라는 아인슈타인의 유명한 말은 보른에게 보낸 편지에 적힌 말이었습니다.

보른이 제안한 파동 함수의 확률 해석을 더 깊이 이해하기 위해, 하나의 사고 실험을 해보겠습니다.

상자 안에 전자 하나를 가두고 뚜껑을 닫습니다. 이 상태에서 전자는 파동으로 존재하며, 상자 내부에 널리 퍼져 있습니다. 실제로 슈뢰딩거 방정식을 이용해서 계산하면, 전자 파동은 시간이 지남에 따라 상자 안 전체에 거의 균일하게 분포하게 됩니다.

이번에는 상자 안에 칸막이를 넣어, 내부를 좌우 두 개의 공간으로 나눠보겠습니다. 이때 전자 파동은 어떻게 될까요? 직관적으로는, 전자 파동도 두 공간으로 나뉘어 분포할 것이라 상상하기 쉽습니다. 하지만 잘 생각해보세요. 파동이 둘로 나뉘었다는 것은, 결국 각 공간 안에 '절반의 전자'가 들어 있는 셈이 되지 않을까요? 하지만 전자는 더 이상 나눌 수 없는 입자입니다. 이 질문에 대해 보른은, '전자는 반드시 좌우 두 공간 중 한쪽 공간에서 발견된다.'라고 답했습니다.

그렇다면 이 경우, 실제로 둘로 나뉜 것은 무엇일까요? 보른은 이에 대해, 전자가 둘 중 어느 공간에서 발견되는지를 나타내는 '확률'이라고 설명했습니다. 즉 전자가 왼쪽 공간에서 발견될 확률은 2분의 1, 오른쪽 공간에서 발견될 확률도 2분의 1이라는 것입니다.

보른은 전자가 어느 위치에서 발견될지를 나타내는 확률이 파동 함수와 밀접한 관계가 있다는 사실을 발견했습니다. 그리고 '파동 함수 ψ의 절댓값을 제곱한 값은, 그 지점에서 전자를 발견할 확률에 비례한다.'라는 주장을 내놓았습니다. 즉 파동 함수 ψ의 절댓값이 클수록, 그

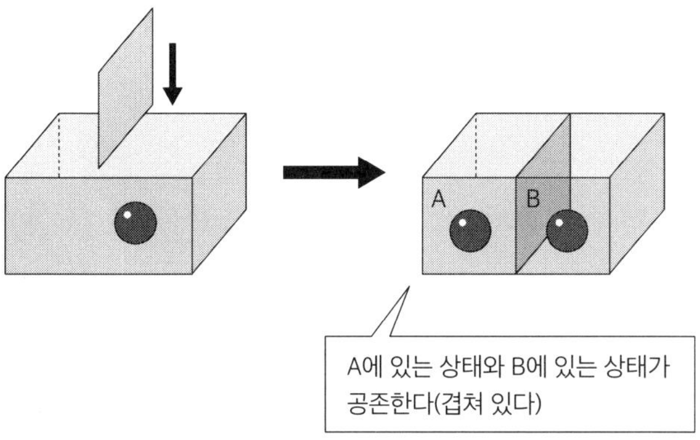

위치에서 전자가 발견될 가능성도 높아진다는 뜻입니다. 이것이 바로
파동 함수의 확률 해석입니다.

하이젠베르크의
'불확정성 원리'란

슈뢰딩거 방정식과 보른의 확률 해석을 바탕으로, 양자역학은 하나의 완성된 체계를 갖추게 되었습니다. 즉 최초의 전자 상태를 알면, 슈뢰딩거 방정식을 통해 그 파동 함수가 시간에 따라 어떻게 변화할지를 계산할 수 있고, 그렇게 얻게 된 파동 함수는 전자를 관측했을 때 어느 위치에서 발견될지를 확률적으로 예측할 수 있습니다. 또한, 수소 원자처럼 시간에 따라 변하지 않는 경우에는 슈뢰딩거 방정식에 시간 변화가 없다는 조건을 적용하면, 전자가 가질 수 있는 궤도 반지름을 띄엄띄엄

이끌어낼 수도 있었습니다.

그러나 슈뢰딩거와는 전혀 다른 방식으로 양자역학의 완성에 다가가고 있던 인물도 있었습니다. 그가 바로 독일의 이론 물리학자 베르너 하이젠베르크입니다.

1925년, 당시 24세의 젊은 청년 과학자 하이젠베르크는 슈뢰딩거 방정식보다 조금 앞서, 또 다른 형태의 양자역학을 구축하는 데 성공했습니다. 그가 수학적 도구로 사용한 것은 '행렬'이었습니다. 이 때문에 슈뢰딩거 방정식은 '파동 역학', 하이젠베르크의 이론은 '행렬 역학'이라 불립니다. 이 두 이론은 처음에는 형식도 해석 방식도 완전히 달라 보였지만, 사실 수학적으로 서로 다른 수법을 사용했을 뿐, 결국 완전히 동일한 물리적 내용을 담고 있었다는 것이 이후에 밝혀졌습니다.

이런 가운데, 1927년 하이젠베르크는 '불확정성 원리'를 제창했습니다. 이 원리는 미시 세계에서 도저히 피할 수 없는 근본적인 불확실성을 나타내는 원리이며, '어떤 물질의 〈위치〉와 〈운동량〉을 관측할 때 양자를 동시에 하나의 값으로 확정하는 것은 불가능하며, 둘 사이에는 피할 수 없는 불확실성이 남는다.'라는 내용입니다. 간단히 말해, '미시 세계에서는 물질의 위치와 운동량을 동시에 확정할 수 없다.'라는 것이 핵심입니다.

불확정성 원리는 파동 역학이나 행렬 역학에서 자연스럽게 도출되는 결론 중 하나입니다. 하이젠베르크는 이 불확정성 원리를 수식으로도 명확히 나타냈습니다. 그 식에 따르면, '입자의 위치에 대한 불확실성의 범위와 운동량(=질량×속도)에 대한 불확실성의 범위를 곱하면, 플랑크 상수 h 이상의 값을 가진다'는 사실을 알 수 있습니다. 거시 세계에서 위치와 속도를 측정하는 경우, 플랑크 상수 h가 매우 작기 때문에 이 정도의 오차는 충분히 무시할 수 있지만, 미시 세계에서는 무시할 수 없습니다.

예를 들어, 원자 속의 전자가 어떤 시점에 어디에 있으며 어떤 속도로 움직이는지를 정확히 구할 수는 없습니다. 전자의 위치를 정하려고 하면 속도(운동량 중에서 전자의 질량은 알고 있기 때문에)가 정해지지 않고, 속도를 정하려고 하면 위치가 정해지지 않습니다.

이런 일이 일어나는 이유는, 미시 세계를 관측할 때는 관측 행위 자체가 대상에 반드시 영향을 주기 때문입니다. 즉 전자의 위치를 측정하기 위해 빛을 비추면, 그 반작용으로 전자의 속도를 알 수 없게 됩니다. 반대로 전자의 속도를 정확히 측정하려고 하면, 위치 정보가 사라집니다. 고전 역학에 익숙한 사람들은 '관측이 대상에 미치는 영향을 미리 계산해두고, 결과가 나오면 그 영향만큼 보정하면 원래의 위치와 속도 상태를 정확히 파악할 수 있지 않을까?' 하고 생각할 수도 있습니다. 그러나 미시 세계에서는 그 어떤 방법을 쓰더라도 절대 피할 수 없는 '관측 결과의 불확실성'이 존재합니다. 바로 이 점을 명확히 밝힌 것이 하이젠베르크의 불확정성 원리입니다.

관측이라는 행위를 무시할 수 없는 미시 세계

'미시 세계를 관측할 때는 관측 행위 그 자체가 반드시 대상에 영향을 준다'는 사실을 보여주는 가장 극적인 예로, 훗날 미국의 물리학자 리처드 파인만이 제시한 사고 실험을 소개하겠습니다.

앞서, 1805년경에 토머스 영이 '이중 슬릿 실험'을 통해 빛의 파동성을 증명했다는 이야기를 한 바 있습니다. 한편, 전자에 대해서도 많은 과학자들이 유사한 실험을 시도했습니다. 그런 흐름 속에서, 파인만이 다음과 같은 사고 실험을 했습니다.

먼저 전자빔을 발사할 수 있는 전자총을 준비합니다. 스크린에는 형광 물질이 발라져 있어, 전자가 닿은 지점이 빛나게 되어 있습니다. 이제 전자총과 스크린 사이에 서로 평행한 두 슬릿을 낸 칸막이를 설치하고, 전자빔을 그 사이로 발사합니다. 그러면 스크린에는 발사할수록 간섭무늬가 나타납니다. 이는 전자가 파동의 성질(파동성)을 가졌다는 것을 증명합니다.

하지만 이 실험에 대해 다음과 같은 반론이 제기될 수도 있습니다. '이 실험만으로는 전자 하나하나가 파동성을 가진다고 단정할 수 없다. 전자 하나하나에는 파동성이 없지만, 여러 개가 모였기 때문에 파동적 결과가 나타난 것 아닌가?' 이러한 의문을 해결하기 위해, 이번에는 단독 전자의 행동을 알 수 있도록 전자를 하나씩 발사할 수 있는 전자총으로 바꿨습니다. 실제로 전자를 하나만 발사하면 스크린 위에 점이 하나만 반짝이며 나타납니다. 즉 개별 전자는 입자로서 행동한다는 사실을 알 수 있습니다.

이제 전자 하나가 스크린에 닿은 뒤, 그다음 전자를 또 하나 발사하는 방식으로 실험을 진행해보겠습니다. 이렇게 전자들을 하나씩 순차적으로 발사하면 결과는 어떻게 될까요? 실제로 실험해보면, 각 전자가 스크린에서 빛나는 위치는 매번 달라집니다. 하지만 이 전자들이 각자

빛난 점들을 모두 모아 보면, 처음에 여러 전자를 동시에 발사했을 때와 똑같은 간섭무늬가 형성된다는 사실을 확인할 수 있습니다.

하지만 간섭 현상은 두 개 이상의 파동이 겹쳐야 나타나는 것입니다. 그런데 이 실험에서는 전자를 하나씩만 발사했는데도 어떻게 간섭무늬가 나타났을까요? 그 이유는, 전자 하나가 '왼쪽 슬릿을 통과한 상태'와 '오른쪽 슬릿을 통과한 상태'가 동시에 존재했기 때문입니다. 이 두 상태는 서로 겹친 상태가 되어, 전자는 자기 자신과 간섭한 셈입니다. 이로써, 전자의 파동성은 전자 하나가 가진 고유의 성질이라는 사실이 드러났습니다.

그런데 전자 하나가 좌우 두 슬릿을 동시에 통과한다는 것은 정말 사실일까요? 그렇다면, 전자 하나가 둘 중 어느 슬릿을 통과했는지를 실제로 관측해보면 되지 않을까요?

이 의문을 해결하기 위해, 전자가 두 슬릿 중 어느 쪽을 통과했는지 확인할 수 있는 관측기를 칸막이 안쪽 슬릿 근처에 설치해보겠습니다. 이 장치는 전자가 슬릿을 지날 때 전자와 빛(광자)이 충돌하고, 그때 마구 퍼진 빛을 감지함으로써 전자의 위치를 알 수 있는 구조입니다. 이 실험에서는 과연 어떤 관측 결과를 얻을 수 있을까요?

파인만은 이 사고 실험에 대해 이렇게 지적했습니다. '이 실험에서 전자는 둘 중 한쪽 슬릿만 통과한다는 사실을 알게 될 것이다. 따라서 스크린에는 간섭무늬가 나타나지 않아야 한다.' 그 이유는, 관측기에서 나오는 광자가 전자와 충돌하면서 전자 자체의 상태가 흐트러지기 때문입니다. 즉 전자가 어느 슬릿을 통과했는지를 알아보려고 광자를 비추는 순간, 전자는 다시 입자가 되어 어느 한 점에 존재한다는 뜻입니다. 그 결과, 좌우 슬릿을 동시에 통과하는 중첩 상태가 사라지고, 전자의 파동은 하나의 경로로 수축하는 것으로 추측할 수 있지요. 스크린에 간섭무늬가 나타나지 않는 이유도 그 때문입니다. 따라서 '전자 하나가 좌우 두 슬릿을 동시에 통과한다는 것은 정말 사실일까요?'에 대한 답은, '관측을 통해 직접 확인할 수는 없다.'가 됩니다. 반대로, 관측이 가능한 상황에서는 간섭무늬가 사라지고, 전자는 입자로서 행동하게 됩니다.

파인만의 사고 실험은 미시 세계에서는 관측이라는 행위 자체가 관측 대상에 적지 않은 영향을 줄 수 있다는 사실을 보여줍니다. 우리는 어떤 대상을 관측할 때 그 대상에 무언가를 비추고, 그것이 반사된 모습을 살펴봅니다. 즉 보기 위해서는 반드시 대상에 어떤 작용을 가해야 합니다. 거시 세계에서는 이런 작용이 대상이 거의 영향을 주지 않습니다. 그러나 미시 세계에서는 비추는 빛이나 신호가 지닌 에너지조차 대상의 상태를 바꿔버릴 수 있습니다. 그래서 관측 이전의 상태를 그대로 유지한 채 관측하는 것이 불가능해집니다.

이 이중 슬릿 실험은 실제로 이루어졌고, 결과는 파인만의 예측대로 나타났습니다. 또한 전자가 어느 슬릿을 통과했는지를 파장이 긴 빛으로 확인하려고 하면, 빛으로 인해 생긴 전자의 흔적이 흐릿해지기 때문에 전자가 어느 슬릿을 통과했는지는 확률적으로밖에 알 수 없습니다. 이 경우, 간섭무늬는 전자가 어느 쪽을 통과했는지를 얼마나 정확히 알 수 있는가에 따라 서서히 사라지게 됩니다. 이 간섭무늬가 흐려지는 모습도 양자역학의 계산 결과와 완전히 일치합니다.

참고로, 전자가 어느 슬릿을 통과했는지 관측하는 경우, 반드시 인간이 실제로 확인할 필요는 없습니다. 즉 빛을 비추는 등의 조치를 통해 전자의 경로를 원리적으로 판별할 수 있는 상황에는 인간이 직접 그 결과를 확인하지 않아도 간섭무늬는 사라지게 됩니다.

'코펜하겐 해석'이란

지금까지 살펴봤듯이, 전자의 파동 함수가 공간에 널리 퍼져 있을 때는 보른의 확률 해석을 통해 전자의 위치를 확률적으로밖에 알 수 없습니다. 이는 '전자가 위치 A와 위치 B에 동시에 존재한다'는 해석도 가능하고, 또는 '전자가 어떤 위치 A에 있는 상태와 다른 위치 B에 있는 상태가 겹친 채로 공존한다'는 해석도 가능하다는 뜻입니다.

그렇다면 이제, 이처럼 넓게 퍼져 있는 파동 함수를 지닌 전자를 우리가 관측한다고 가정해봅시다. 이 경우, 전자는 보른의 확률 해석에 따라 어딘가에서 일정한 확률로 관측됩니다. 그럼 그 관측을 한 직후에 같은 전자를 다시 관측하면 어떻게 될까요? 원래의 파동 함수에 따라 전자가 여러 위치에서 확률적으로 발견될까요? 사실은 그렇지 않습니다. 최초의 관측 직후에 이어서 다시 관측을 하면, 전자는 처음 관측된 위치 바로 옆에서만 발견됩니다.

1921년, 모국 덴마크의 수도 코펜하겐에 이론 물리학 연구소(닐스 보어 연구소)를 설립한 보어의 밑에서 양자론을 연구하던 젊은 물리학자들은 이 현상을 이해하기 위해 이런 해석을 제안했습니다. '전자는 우리가 관측하지 않을 때는 파동처럼 널리 퍼져 있지만, 관측하는 순간 그 파동은 수축한다.'

그들의 생각을 간단히 정리하면 이렇습니다. '전자를 관측하면, 전자는 반드시 한 점에서 발견되며, 이후 이어지는 실험에서도 전자는 항상 그 주변에서 발견된다. 이는 관측해서 확인된 사실이다. 한편, 원자 내 전자의 에너지 상태를 잘 설명해주는 슈뢰딩거 방정식에 따르면, 전자의 파동(파동 함수ψ)은 원래 공간에 널리 퍼져 있다는 것이 기정사실로 보인다. 그렇다면, 전자를 관측하는 순간 파동이 수축한다고 생각해보자. 그러면, 이 두 가지 사실을 모두 설명할 수 있다.'

'확률 해석'과 '파동의 수축'이라는 두 가지 개념을 기둥으로 전자를 해석한 이 관점은 '코펜하겐 해석'이라고 불립니다.

20세기, 그야말로 물리학은 대변혁의 시대로

그러나 슈뢰딩거는 코펜하겐 해석에 대해 매우 회의적인 입장이었습니다. 1926년, 보어가 슈뢰딩거를 코펜하겐으로 불러 논쟁을 벌였고, 결국 피폐해져 쓰러진 슈뢰딩거를 병상까지 찾아가 토론을 이어갔다는 일화는 유명합니다.

파동 함수의 확률 해석에 이의를 제기한 사람은 슈뢰딩거뿐만이 아니었습니다. 플랑크, 아인슈타인, 드 브로이 역시 반대 입장을 밝혔습니다. 그들이 반대한 가장 큰 이유는, 확률이라는 개념이 물리학 세계에 도입되면, 17세기부터 쌓아온 물리학의 근간을 흔들 수 있다고 보았기 때문입니다. 갈릴레오의 등장 이후, 자연 현상을 기술하는 물리학은 '과거의 어느 시점에서 조건이 완전히 주어지면, 미래는 단 하나로 결정된다.'라는 원칙에 따라 발전해왔습니다. 즉 '결정론'이 물리학을 떠받치는 대전제였던 것이지요. 그런데 여기서 결정론과 대립한다고 생각한 '확률론'을 허용하면, 물리학이라는 학문 자체가 뿌리부터 무너질 우려가 있다고 본 것입니다. 그래서 아인슈타인은 '신은 주사위 놀이를 하지 않는다.'라는 유명한 말로 보른과 보어를 비판한 것입니다.

실제로 코펜하겐 해석은 쉽게 납득하기 어려운 해석입니다. '전자는 확률에 따라 위치가 정해지는 파동이다.'라는 설명을 들어도, 대부분의 사람은 '그게 무슨 말이지?' 하고 고개를 갸웃거리지 않을까요? 하지만 분명한 것은, 미시 세계의 물질은 거시 세계의 물질과는 전혀 다른 물리 법칙에 따라 성립되는 것처럼 보인다는 것입니다. 그렇기 때문에 새로운 물리학의 숨결을 찾기 위해, 이후에도 전 세계에서 유망한 젊은 물리학자들이 계속해서 보어의 곁에 모여들게 되었습니다.

지금도 코펜하겐 해석은 양자역학을 처음 배울 때 주로 사용하는 해석 방식입니다. 실제로 다양한 관측을 설명할 때는 이 해석을 사용해도 아무런 문제가 없습니다. 하지만 저를 포함한 많은 이론 물리학자들은, 코펜하겐 해석이 어디까지나 관측 결과를 설명하기 위한 유사적인 규칙에 불과하다고 생각합니다. 그 이유 중 하나는 관측이라는 개념 자체가 무언가를 모호함이 없도록 엄밀하게 정의할 수 없는 것이기 때문입니다.

관측을 하면 파동 함수가 수축한다고 말하지만, 그렇다면 관측이란 정확히 무엇일까요? 인간이 실험을 했을 때만 관측인 걸까요? 개가 본다면 그건 관측인 걸까요? 파리는 어떨까요? 세균이 대상과 상호 작용을 하면, 그것도 관측이라고 할 수 있을까요? 보어가 활약했던 20세기 초반에는 미시 세계와 거시 세계를 명확히 구분해서 생각해도 실제적인 문제는 없었습니다. 하지만 오늘날에는 원자나 전자뿐 아니라, 훨씬 큰 분자 수준의 대상까지도 관측하거나 계산할 수 있게 되었고, 그 결과 이들 대상 역시 슈뢰딩거 방정식을 따른다는 사실이 확인되고 있습니다. 지금까지의 연구에서는, 파동 함수의 수축처럼 슈뢰딩거 방정식을 따르지 않는 현상은 관측되지 않았습니다.

이처럼 미시 세계와 거시 세계를 분명히 구분해서 다루는 관점에는 원리적인 문제가 있습니다. 이 문제를 명확히 드러낸 것이, 그 유명한 '슈뢰딩거의 고양이'라는 사고 실험입니다.

'슈뢰딩거의 고양이'가
전하는 메시지

1933년, 파동 역학의 창설로 양자론에 공헌한 슈뢰딩거는 노벨 물리학상을 받았지만, 그럼에도 코펜하겐 해석에는 끝내 동의하지 않았습니다. 그런 슈뢰딩거가 1935년, 독일의 과학 잡지에 발표한 논문이 바로 '슈뢰딩거의 고양이'로 널리 알려진 《양자역학의 현상에 대하여》입니다.

이 논문에서 그는 고양이를 활용한 사고 실험을 통해 코펜하겐 해석이 지닌 문제점을 지적했습니다. 그 내용을 살펴보겠습니다.

안이 보이지 않는 철제 상자 안에는 방사성 물질, 방사선 검출 장치,

그리고 검출 장치와 연동된 독가스 발생 장치가 들어 있습니다. 방사성 물질은 원자핵이 붕괴하면 방사선을 방출하며, 이 방사선을 감지한 검출 장치는 그 신호를 독가스 발생 장치에 보내서 독가스를 발생시키는 구조로 되어 있습니다. 이 상자 안에 살아 있는 고양이를 넣는다고 가정해봅시다. 만약 방사성 물질이 원자핵 붕괴를 일으키면 독가스가 발생해 고양이는 죽고, 원자핵 붕괴를 일으키지 않으면 고양이는 살 수 있습니다. 이제 상자의 뚜껑을 닫고 한 시간 동안 그대로 둔다고 해 보세요. 외부에서는 안을 들여다볼 수 없고, 고양이는 소리나 진동도 내지 않는다고 가정했을 때, 한 시간이 지난 지금 고양이는 과연 어떻게 됐을까요?

고양이의 생사는 상자 뚜껑을 열면 즉시 알 수 있습니다. 하지만 여기서 고민해야 할 점은 '뚜껑을 열기 전, 고양이의 상태를 어떻게 생각하는가.'라는 부분입니다.

방사성 물질의 원자핵 붕괴 여부는 미시 세계의 현상입니다. 만약 이 붕괴가 일어날 확률이 50%라면, 관측 이전의 방사성 물질은 '원자핵 붕괴가 일어난 상태'와 '원자핵 붕괴가 일어나지 않은 상태'가 절반씩 중첩된 상태에 있다고 볼 수 있습니다. 그런데 고양이의 생사는 이 원자핵 붕괴와 완전히 연동됩니다. 따라서 고양이도 역시 중첩된 상태에 있어야 합니다. 즉 고양이는 상자 안에서 '원자핵 붕괴가 일어나 죽은 상태'와 '원자핵 붕괴가 일어나지 않아 살아 있는 상태'가 절반씩 겹쳐 있는 상태라고 생각할 수 있는 것입니다. 슈뢰딩거가 이 사고 실험을 통해서 하고 싶었던 말이 바로 이것입니다. 양자역학의 해석을 그대로 받아들이면, 우리는 '살아 있으면서 동시에 죽어 있는 고양이'라는 말도 안 되는 상황을 받아들여야 한다는 것이지요.

게다가 코펜하겐 해석에 따르면, 상자 뚜껑을 여는 순간 원자핵의 붕괴가 결정되고, 그에 따라 고양이의 생사도 결정되게 됩니다. 그러나 원자핵 붕괴 여부는 차치하더라도, 상자 뚜껑을 열기 전부터 고양이의 생사는 이미 정해져 있다고 생각하는 것이 더 자연스럽지 않을까요? 관측하는 순간에 고양이의 생사가 결정된다는 것은 이상합니다.

코펜하겐 해석은 미시 세계와 거시 세계는 서로 다른 물리 법칙을 따르기 때문에 구분해서 생각해야 한다고 주장합니다. 이에 대해 슈뢰딩거는 반론을 제기했습니다. 원자핵 붕괴라는 미시적 현상이 고양이라는 거시적 물체에 직접 영향을 주는 상황에서는 미시적 현상과 거시적 상태가 연동되어 있는 이상, 둘을 떼어서 생각한다는 것은 이치에 맞지 않는다고 본 것입니다.

양자역학적 평행 세계

그러던 중, 1957년에 새로운 개념이 제안되었습니다. 바로 '다세계 해석'이라는 사고방식인데, 이 해석의 출발점은 당시 프린스턴대학교의 대학원생이었던 미국의 물리학자 휴 에버렛 3세가 박사 논문으로 발표한 '평행 우주론'이었습니다. 그는 양자론이 자연의 기본 원리라면, 그 원리는 미시 세계뿐만 아니라 우주 전체에도 적용되어야 한다고 보았습니다.

이런 관점에서 보면, '슈뢰딩거의 고양이' 사고 실험은 다음과 같이 해석할 수 있습니다. 우주 전체의 상태는 '원자핵 붕괴가 일어난 경우'와 '원자핵 붕괴가 일어나지 않은 경우'가 중첩된 상태입니다. 이는 곧 고양이 역시 상자 안에서 '붕괴가 일어나 죽은 상태'와 '붕괴가 일어나지 않아 살아 있는 상태'가 중첩되어 있다는 뜻입니다. 그렇다면 이 상태에서 관측자가 상자 뚜껑을 열면 어떻게 될까요? 관측자 역시 전자 등 소립자로 이루어진 존재이며 우주의 일부인 이상, 양자역학의 법칙을 따릅니다. 따라서 우주 전체의 상태는 '관측자가 원자핵 붕괴가 일어나 고양이가 죽은 상태를 본 세계'와 '관측자가 원자핵 붕괴가 일어나지 않아 고양이가 살아 있는 상태를 본 세계'가 중첩된 상태로 존재하게 됩니다. 그 결과, 하나의 세계(가지)에서 관측자는 고양이가 죽었다고 인식하고, 다른 세계(가지)에서는 고양이가 살아 있다고 인식하게 됩니다.

앞에서도 말했듯이, 슈뢰딩거 방정식만으로는 전자의 파동수축 현상을 설명할 수 없습니다. 코펜하겐 해석에서 제시한 가설은, 파동처럼 운동하는 전자와 입자로서 발견되는 전자를 연결하기 위한 고육지책이었던 셈입니다. 하지만 다세계 해석의 관점에서 보면, 우주 전체의 상태를 고려할 경우 파동수축이라는 수수께끼 현상은 애초에 일어나지 않습니다. 단지 슈뢰딩거 방정식에 따라 우주는 연속적이자 결정론적으로 다양한 가지(세계)로 갈라져 나갈 뿐입니다. 그리고 우리도 우주의 일부인 이상, 다양한 상태로 갈라지게 됩니다. 이렇게 수없이 가지가 나뉘는 세계 중 하나가 바로 우리가 살고 있는 이 세계입니다. 결국 파동수축이라는 현상은 수많은 가지(세계) 중 하나에 살고 있는 관측자의 시점에서 보면, 나머지 가지(세계)를 인식할 수 없다는 사실에서 비롯된 일종의 유사적인 설명이라는 것입니다.

이런 이야기를 들으면, '우리는 평행 우주를 직접 감지한 적은 한 번도 없지 않나?'라는 반론을 하고 싶어질 수도 있습니다. 그러나 양자역학에 따르면, 우리처럼 거시적인 물체가 다른 가지(세계)와 간섭할 확률은 극히 작아 사실상 0에 가깝습니다. 따라서 우리가 살고 있는 세계가 다른 세계와 간섭하지 않는다는 사실은 양자역학과 모순되지 않습니다. 실제로 전자처럼 미시적인 시스템에서는, 두 세계(예를 들어 이중 슬릿 실험에서 전자가 오른쪽 슬릿을 통과한 세계와 왼쪽 슬릿을 통과한 세계)가 서로 간섭을 일으키는 현상이 실험적으로 관측됩니다. 그리고 기술이 발전함에 따라, 이러한 간섭 실험은 더 큰 시스템에서도 가능해지고 있습니다. 결국 우리가 평행 세계를 감지하지 못하는 이유는, 특수 상대성 이론에서 시간 지연이나 공간 수축 효과를 일상에서 직접 체감하지 못하는 것과 비슷합니다. 단지 우리의 관측 능력이나 정밀도가 아직 부족하기 때문이라고 생각할 수 있습니다.

다세계 해석은 파동수축 같은 인위적인 개념을 모두 배제하고, 파동 함수의 본질적인 의미를 다시 생각했을 때 나온 발상입니다. 저를 포함하여 자연계의 근본 법칙을 이해하려는 많은 이론 물리학자 사이에서는, 파동수축이란 결국 다세계 중 하나를 관측자의 시점에서 유사적으로 기술한 것에 불과하다는 데 거의 의견이 일치합니다. 물론, 다세계 해석이 양자역학의 최종형인지 아닌지는 둘째 치고(아마 아니겠지만), 그래도 코펜하겐 해석보다는 한 걸음 더 나아간 이해라는 점은 분명해 보입니다.

아인슈타인이 제시한
'EPR 역설'

양자론의 출발점이 되기도 한 광양자 가설을 제창한 아인슈타인도, 슈뢰딩거와는 또 다른 이유로 코펜하겐 해석에 대해 평생 강한 의구심을 품었습니다. 그렇다고 해서 아인슈타인이 양자론 자체를 엉터리라고 부정한 것은 결코 아닙니다. 그는 양자론이 완전하지 않은 이론이기 때문에, 어쩔 수 없이 확률이라는 개념을 도입할 수밖에 없다고 생각했습니다. 아인슈타인은 자연계 어딘가에 아직 우리가 모르는 물리 법칙이 존재하며, 그 물리 법칙 안에 '숨은 변수'가 있어서 전자의 발견 위치를 결정한다고 보았습니다.

아인슈타인이 보어와 오랜 논쟁을 하면서 제시한 문제 중 하나로, 보리스 포돌스키와 네이선 로젠이라는 두 물리학자와 함께 1935년에 발표한 '아인슈타인-포돌스키-로젠 역설(EPR 역설)'이라는 논문이 있습니다. 여기서 역설이란, 겉보기에는 옳은 전제와 타당해 보이는 추론에서 상식적으로 납득하기 어려운 결론이 나온다는 것입니다. EPR 역설은 양자론과 상대성 이론이 둘 다 성립하는 것은 불가능한 것 아닌가를 묻는 것이었습니다.

그들이 고안한 사고 실험은 어떤 것이었을까요? 안이 보이지 않는 상자 하나가 있고, 그 안에는 전자 하나가 가둬져 있습니다. 이제 상자 한가운데에 칸막이를 넣고, 상자를 왼쪽과 오른쪽 공간으로 나눌 수 있다고 가정해보겠습니다. 여기서 문제입니다. 이때 전자는 왼쪽과 오른쪽 중 어느 쪽에 들어 있을까요?

코펜하겐 해석에 따르면, 상자를 열지 않는 한 '전자는 왼쪽과 오른쪽 상자에 동시에 존재하는 중첩 상태에 있다.'가 정답입니다. 그리고 상자를 여는 순간, 전자는 둘 중 한쪽 상자에서만 발견됩니다.

그에 대해 아인슈타인과 그의 동료들은 다음과 같은 사고 실험을 했습니다. 두 개의 상자를 모두 열지 않은 상태에서 오른쪽 상자만 1억 광년 떨어진 우주로 옮기고, 왼쪽 상자는 지구에 남겨둡니다. 이때 지구에 있는 상자를 열면 어떻게 될까요? 지구에서 왼쪽 상자를 여는 순간, 전자의 파동은 수축하여 하나의 상태로 확정되어야 합니다. 이때, 1억 광년 떨어진 오른쪽 상자 속의 전자 파동도 동시에 수축하게 됩니다. 하지만 여기서 의문이 생깁니다. 이는 지구에 남은 왼쪽 상자를 열었다는 사실이 순간적으로 광속보다 빠르게 1억 광년 떨어진 오른쪽 상자에 전해져서 오른쪽 상자 안의 전자 상태도 확정시켰다는 의미처럼 보이기 때문입니다. 하지만 상대성 이론에 따르면 광속(초속 약 30만 킬로미터)이 최고 속도이며, 광속을 넘는 정보 전달은 불가능합니다. 아인슈타인과 동료들은 바로 이 대원칙과 양자론 사이에는 모순이 있다고 주장한 것입니다.

그러나 아인슈타인과 동료들의 주장은 옳지 않았습니다. 물론, 지구에 남은 상자 안에 전자가 존재한다면, 1억 광년 떨어진 상자 안에는 전자가 존재하지 않습니다. 반대로 지구에 남은 상자 안에 전자가 존재하지 않는다면, 1억 광년 떨어진 상자 안에는 반드시 전자가 존재합니다. 이처럼 두 개의 멀리 떨어진 물체가 서로 강하게 양자적으로 연결된 상태를 '양자 얽힘' 상태라고 합니다.

그러나 여기서 중요한 것은, 이 양자 얽힘만 가지고는 물리적으로 의미 있는 정보를 보낼 수 없다는 점입니다. 예를 들어 두 상자의 사례에서 지구에 있는 관측자는 자신이 가진 상자 안에 전자가 있는지 없는지를 제어할 수 없습니다. 전자가 있을 확률과 없을 확률은 반반입니다. 따라서 1억 광년 떨어진 관측자가 전자를 관측할지 말지도 역시 반반이며, 이는 지구의 관측자가 상자를 열었는지 여부와는 무관합니다. 즉 지구의 관측자가 상자를 열었다는 사실이 1억 광년 떨어진 상대방의 관측 결과나 그 확률 분포에 아무런 영향을 주지 않는다는 것입니다. 그리고 상대성 이론과 모순되지 않으려면, 이 사실로도 충분합니다.

양자 얽힘의 존재를 확인한
아스페의 실험

현재는 아인슈타인의 '숨은 변수'라는 아이디어는 실험적으로 부정되고 있습니다. 이것은 EPR 역설이 발표된 지 47년 만인 1982년, 프랑스의 물리학자 알랭 아스페와 그의 동료들이 '벨의 부등식'을 검증하는 실험을 통해 입증했습니다. 구체적으로 말하면, 그들은 벨의 부등식이 성립하지 않는다는 것을 실험적으로 증명해 보였습니다.

조금 더 자세히 설명하겠습니다. 벨의 부등식은 아일랜드의 물리학자 존 스튜어트 벨이 발표한 부등식입니다. 부등식의 내용 자체는 여기에서는 생략하겠지만, 벨은 만약 아인슈타인이 주장한 '숨은 변수'가 실제로 존재한다면, 벨의 부등식이 항상 성립해야 한다고 보았습니다. 반대로 양자역학이 옳아서 멀리 떨어진 입자들 사이에서도 양자 얽힘 상태가 일어난다면, 벨의 부등식은 성립하지 않는다는 것을 이론적으로 나타냈습니다. 아스페와 프랑스 연구진은 실험을 통해 벨의 이 부등식이 성립하지 않는다는 결과를 입증한 것입니다.

이처럼 아인슈타인과 동료들이 역설이라 여겼던 기묘한 양자 얽힘 상태는 실제로 존재한다는 사실이 증명되었습니다. 하지만 앞서 설명했듯, 이 결과가 상대성 이론이 틀렸다는 뜻은 아닙니다. 아인슈타인과 동료들이 양자론과 상대성 이론이 모순된다고 본 이유는 상대성 이론의 적용 방식에 대한 오해에서 비롯된 것이었습니다. 실제 양자역학은 상대성 이론, 적어도 광속이 자연계의 최고 속도라고 주장하는 특수 상대성 이론과 충돌하지는 않았던 것입니다.

미시 세계의 현상이
거시 세계에서 나타나는 '초유동'

그런데 우리 주변의 물질에서는 왜 파동의 성질이 보이지 않을까요? 그 이유는 물질파의 파장이 너무 짧기 때문입니다. 드 브로이의 식에 따르면, 물질의 질량이 클수록 파장은 더 짧아지고, 파동은 좁은 영역에 집중됩니다. 따라서 주변에 있는 물질의 파동은 대부분 퍼져 있지 않고, 거의 한 점에 모여 있는 것처럼 보여 파동의 성질이 뚜렷하게 나타나지 않는 것입니다.

물질이 파동의 성질을 드러내는 범위는 100억 분의 1미터(1,000만

분의 1밀리미터), 즉 0.01나노미터 이하의 세계입니다. 1나노미터가 10억 분의 1미터이므로, 이는 그보다도 한 자릿수가 더 작은 미시 세계의 이야기입니다. 원자보다 큰 크기의 물질세계에서는 파동의 성질이 거의 드러나지 않습니다.

그런데 거시 세계에서도 물질파의 성질이 드러나는 경우가 있습니다. 대표적인 사례가 바로 '보스 아인슈타인 응축'입니다. 이 현상은 1924년, 인도의 물리학자 사티엔드라 나트 보스와 아인슈타인이 이론적으로 예측한 것입니다.

미시 입자인 소립자는 '파울리 배타 원리'의 적용 여부에 따라 '페르미 입자'와 '보스 입자'로 나뉩니다. 페르미 입자는 전자나 양성자, 중성자처럼 파울리 배타 원리를 따르는 입자이고, 보스 입자는 광자처럼 파울리 배타 원리를 따르지 않는 입자입니다. 파울리 배타 원리는 1927년에 스위스의 물리학자 볼프강 파울리가 발표한 중요한 원리로, '두 개 이상의 페르미 입자는 동일한 양자 상태를 차지할 수는 없다'는 내용을 담고 있습니다. 예를 들어, 원자 상태는 그 원자가 가진 고유의 전자 궤도에 각각 몇 개의 전자가 들어 있는지에 따라 정해지는데, 동일한 궤도의 동일한 상태에는 전자가 하나밖에 들어갈 수 없습니다.

반면, 보스 입자는 파울리 배타 원리를 따르지 않기 때문에 여러 입자가 동일한 양자 상태를 공유할 수 있습니다. 그래서 이 보스 입자들의 무리를 극저온 상태에 놓으면, 대부분의 보스 입자가 최소 에너지 상태로 모이게 되어 입자의 파동이 무수히 겹치게 됩니다. 그 결과, 여러 원자가 마치 하나의 원자처럼 움직이게 됩니다. 이것이 보스 아인슈타인 응축입니다. 원래는 미시 세계에서만 나타나던 양자 현상이 거시 세계에서도 관측 가능해지는 것이지요.

그 대표적인 예가 1937년에 발견된 액체 헬륨의 '초유동' 현상입니다. 헬륨은 −268.9°C에서 액체 상태지만, 절대영도(−273.15°C)에 가까운 극저온으로 냉각하면, 보스 아인슈타인 응축이 일어납니다. 그 결과, 액체 헬륨은 점성이 0이 되어 부드럽게 흐르는 상태가 됩니다. 이에 따라 컵 안에 담아두었던 액체 헬륨이 기묘하게도 컵의 벽을 타고 올라와, 전부 다 밖으로 흘러나오게 됩니다.

곧 실현될 차세대 기술, '양자 컴퓨터'

또한 양자론을 응용한 미래 기술 중 하나로 '양자 컴퓨터'가 있습니다. 기존의 컴퓨터에서 사용하던 비트(고전 비트classical bit라고도 불립니다)는 0이나 1 중 하나의 값만 가질 수 있는데, 양자론 세계에서는 0과 1이 중첩된 상태를 취할 수 있기 때문에 훨씬 많은 정보를 동시에 처리할 수 있습니다. 이러한 정보를 다루는 단위를 '양자 비트quantum bit 또는 qubit'라고 부릅니다. 양자 컴퓨터의 계산 방식은 우리가 손으로 하는 계산이나 기존 컴퓨터의 연산 방식과는 근본적으로 다릅니다. 고전 비트는 1비트당 0 또는 1, 즉 YES/NO의 정보만 가질 수 있습니다. 하지만 양자 비트는 '0이 80%이고 1이 20%인 상태'나, '0이 10%이고 1이 90%인 상태'처럼 0과 1의 조합만으로도 훨씬 더 많은 정보량을 담을 수 있게 됩니다.

예를 들어 제가 28만 6,500엔이라는 금액을 갖고 있다고 해봅시다. 이 정보를 고전 비트로 표현하려면 열 개가 넘는 자릿수가 필요한데, 양자 비트는 이러한 연속적인 값을 단 하나의 비트에 모두 담을 수 있습니다.

양자 컴퓨터 자체는 이미 실현 단계에 이르렀고, Google이나 일본의 이화학 연구소RIKEN 등에서 보유하고 있습니다. 현재는 약 100개 정도의 양자 비트로 구성된 컴퓨터가 개발되어 있으며, 향후 이 수가 1천 개, 1만 개, 10만 개로 확대된다면, 긍정적이든 부정적이든 세상에 강력한 영향을 미치게 될 것입니다.

하나 예를 들자면, 양자 컴퓨터의 등장으로 현재의 암호 기술이 무력화될 수 있다는 우려가 있습니다. 지금 널리 사용되는 암호 기술은 '소인수분해'를 이용합니다. 사실 큰 숫자를 소수로 분해하는 작업은 현재의 컴퓨터로도 매우 긴 시간이 걸립니다. 반면, 특정한 두 소수를 곱해서 큰 수로 만드는 일은 간단합니다. 즉 '암호문(숫자)을 만드는 일은 간단하지만, 이를 해독(소인수분해)하는 것은 어렵다'고 할 수 있지요. 이를 이용한 것이 현재의 암호 기술이며, RSA 암호라고 합니다.

하지만 양자 컴퓨터는 소인수분해에 매우 능합니다. 정말 빠르게 푸는 프로그램을 만들 수 있지요. 머지않아 양자 컴퓨터는 현재 널리 사용되고 있는 RSA 암호를 순식간에 해독할 수 있게 될 것이라는 전망이 나오고 있습니다. 이러한 가능성 때문에 현재 미국이 안전보장의 관점에서 양자 컴퓨터 개발에 막대한 자금을 투자하고 있습니다. 양자 컴퓨터로 암호가 읽히는 것을 막기 위해서는, 결국 양자 기술로 보호할 수밖에 없으니까요.

현재 양자역학을 둘러싼 상황은 과거 오펜하이머 시대의 원자핵 물리학과 유사한 부분이 있습니다. 어쩌면 기술이 발전함에 따라, 인간 사회가 혼란에 빠질 가능성도 있습니다. 그런 의미에서, 당시의 원자핵 물리와 현재의 양자 기술은 닮아 있습니다.

또한 원격지에 정보를 송신할 때, 양자 얽힘을 이용하면 중간에서 도청이 불가능한 안전한 통신 방법이 이론적으로 가능하다고 알려져 있습니다. 이러한 기술을 '양자 텔레포테이션'이라고 합니다. 양자 컴퓨터가 보급된 미래 사회에서는 이러한 기술도 중요해질 것입니다.

양자 컴퓨터의 실용화까지는 아직 시간이 걸릴 것으로 보이지만, 양자역학이 확립된 지 약 100년이 지난 지금, 양자 특유의 '중첩' 성질을 이용한 새로운 컴퓨터가 실용화를 향해 빠르게 진전하고 있다는 사실은 매우 흥미롭습니다.

지금까지 소개한 양자론은 슈뢰딩거와 하이젠베르크의 손으로 완성한 것으로, 원자 안의 전자를 정밀하게 기술하는 데 성공했습니다. 하지만 그들이 만든 양자론에는 상대성 이론의 효과가 전혀 반영되어 있지 않았습니다. 말하자면, 뉴턴 역학의 양자 버전이었던 것이지요. 다행히 원자 내의 전자처럼 광속에 비해 매우 느리게 움직이는 경우에는 이 이론으로도 충분히 설명할 수 있었습니다. 그러나 대상이 광속에 가까운 속도로 움직이는 경우에는, 이 버전의 양자역학은 쓸 수 없습니다.

제4장에서는 슈뢰딩거와 하이젠베르크가 완성한 양자론에서 출발하여, 상대성 이론의 효과까지 포함하기 위한 확장 시도가 어떻게 이루어졌는지, 지금까지의 물리학 발전 과정과 함께 소개하겠습니다.

4

양자역학과 상대성 이론,
이를 통합하는
[현대 물리학]

양자론과 특수 상대성 이론을 통합한
'양자 장론'

슈뢰딩거와 하이젠베르크에 의해 양자역학은 거의 완성되었습니다. 하지만 그 이론에는 상대성 이론의 효과가 전혀 반영되어 있지 않았습니다.

상대성 이론의 효과를 포함한 양자역학의 중요성은 곧바로 인식되었고, 이를 구축하려는 시도가 시작되었습니다. 그 결과 탄생한 것이 '양자 장론'입니다. 이 이론은 양자역학과 특수 상대성 이론을 통합한 것으로, 영어로는 'quantum field theory'라고 합니다. 물리학자들 사이에서는 'QFT'라고도 불리지요. 따라서 양자 장론은 '특수 상대성 이론을 포함한 양자역학'이라고도 할 수 있습니다.

특수 상대성 이론의 유명한 식 $E=mc^2$에 따라, 핵분열이나 핵융합을 통해 원자핵의 질량이 에너지로, 또는 에너지가 질량으로 변환될 수 있다는 사실이 밝혀졌습니다. 이처럼 특수 상대성 이론에서는 입자와 에너지 사이의 상호 변환이 가능합니다. 하지만 슈뢰딩거와 하이젠베르크의 양자역학은 입자의 파동 함수를 바탕으로 하기 때문에, 원자나 전자 등의 입자가 에너지로 소멸하는 순간, 그 후로는 다룰 수가 없었습니다. 따라서 입자의 생성과 소멸까지 포괄하기 위해 기존의 양자역학을 수정해야 하는 처지에 놓였고, 그 과정에서 도입된 개념이 바로 '장field' 이론입니다.

장이란 공간 전체에 퍼져 있으면서 그 공간이 가질 수 있는 물리적 성질을 결정하는 것입니다. 제1장에서 소개한 전자장도 장의 일종입니다. 전자장은 전장과 자장을 합친 것인데, 공간이 지닐 수 있는 전기적, 자기적 영향을 나타냅니다. 전자기학은 바로 이 전장과 자장이 존재하는 공간의 성질을 연구하는 학문 분야입니다. 양자 장론에서는, 전자에도 '전자장'이라는 장이 존재한다고 봅니다. 이 관점에 따르면, 전자란 전자장이 진동하는 특정 영역에 해당합니다. 다시 말해, 우리는 전자장이 나타내는 값이 살짝 커진 영역을 전자라고 인식하는 것입니다.

양자 장론에서는 공간 전체에 퍼진 장(공간)을 아주 작은 눈금으로 분할하여, 장을 미시적인 양자역학적 실체들의 집합으로 다룰 수 있도록 합니다. 그리고 그 장에 양자역학의 다양한 법칙을 적용함으로써, 장 자체를 양자론적으로 다룰 수 있게 한 이론이 바로 양자 장론입니다.

양자 장론을 구축하는 데 온 힘을 쏟은 인물은 하이젠베르크, 파울리, 그리고 영국의 물리학자 폴 디랙이었습니다. 디랙 역시 양자론의 발전에 크게 기여한 물리학자 중 한 사람입니다. 그는 1928년에 슈뢰딩거 방정식에 특수 상대성 이론을 도입하는 데 성공했습니다. 즉 특수 상대성 이론의 시공간을 다룰 수 있도록, 기존의 슈뢰딩거 방정식을 수정한 것입니다. 이 방정식은 '디랙 방정식'이라 불리며, 양자 장론의 출발점이 되었습니다.

'반입자'를 발견하다

양자 장론은 다양한 발견으로 이어졌습니다. 그중 하나가 '반입자'입니다. 반입자란, 일반 입자와 '반대되는 성질'을 지닌 입자를 말합니다. 그 존재를 처음 예언한 사람이 디랙이었습니다. 그는 디랙 방정식을 구축하는 과정에서, 전자의 반입자인 '반전자'의 존재를 이론적으로 밝혔습니다. 전자가 -1의 전하를 띠는 데 비해, 반전자는 +1의 전하를 띠며, 이것이 반대 성질입니다. 이 때문에 반전자는 '양전자'라고도 불립니다.

또한 전자와 반전자를 비롯해 모든 입자와 그 반입자는 질량이 같습니다. 전하 등 질량 이외의 성질은 서로 반대지만, 질량만큼은 항상 같은 값을 가집니다. 이는 중력이 전자기력과 달리, 인력만을 작용시키는 힘이기 때문입니다.

1931년, 디랙의 예언대로 반전자가 실제로 발견되었습니다. 미국의 물리학자 데이비드 앤더슨이 우주에서 지구로 쏟아지는 '우주선' 속에서 신기한 입자를 발견한 것입니다. 그 입자는 질량은 물론이고 모든 면에서 전자를 똑 닮아 있었습니다. 앤더슨은 이 발견으로 1936년, 노벨 물리학상을 받았습니다. 사실 앤더슨은 이미 제1장, 제2장에서 소개한 뮤온을 최초로 발견한 인물이기도 합니다.

앤더슨의 반전자 발견을 계기로, 이후 다양한 반입자들이 잇따라 발견되었습니다. 이러한 발견들이 이어지면서, 양자 장론은 20세기 전반에 확고한 이론으로 자리 잡게 되었습니다. 참고로 양자 장론에 따르면, 우리가 진공이라 부르는 상태는 사실 '입자와 반입자가 끊임없이 생성과 소멸을 반복하는 상태'입니다. 이 개념은 훗날 소립자 물리학의 발전에 큰 영향을 주게 됩니다.

천재 디랙의 일화

여기서 디랙에 관한 일화를 하나 소개하겠습니다. 제2장에서 일반 상대성 이론이 '우주는 팽창하거나 수축해야 한다.'라는 결론을 이끌어 내자, 아인슈타인은 당황해서 방정식 마지막에 '우주항'을 덧붙여 수습했다는 이야기를 소개한 바 있습니다. 사실 디랙에게도 이와 비슷한 에피소드가 전해집니다.

디랙은 디랙 방정식을 구축하는 과정에서 전자와 동일한 질량을 가진 반전자의 존재를 이론적으로 밝혀냈습니다. 하지만 처음에는 이 결과를 보고 당황하여 깊은 고민에 빠졌다고 합니다. 그는 결국 이 반전자가 '양자'일 것이라고 결론 내렸습니다. 당시 이미 양자가 원자핵 안에 존재한다는 사실은 알려져 있었고, 전자보다 질량이 약 2,000배나 더 크다는 것도 확인된 상태였습니다. 그럼에도 디랙은 반전자처럼 한 번도 본 적 없는 물질이 존재한다고 보기보다는, 이미 알려진 양자가 어떠한 이유로 큰 질량을 갖게 됐다고 생각했던 것이지요.

저는 이 에피소드를 통해, '디랙 같은 천재도 예기치 못한 새로운 결과를 마주하면 당황해서 자신의 직관을 온전히 믿지 못할 수도 있구나.'라는 것을 알았습니다. 물론 이것이 '자신과 자신이 이끌어낸 방정식을 끝까지 믿어야 한다'는 뜻은 아닙니다. 실제로 '설마 그럴 리가?' 하고 느끼는 어색함이나 직감이 더 옳은 경우도 적지 않습니다. 다만, 그런 경우는 종종 일화로 남지 않기 때문에 널리 알려지지 않았을 뿐이라고 생각합니다.

'반전자 엔진'은 실현 가능할까?

디랙의 반전자 예언을 계기로, 양자 장론은 진공에 대한 기존의 개념을 크게 바꾸어놓았습니다. 양자 장론에 따르면, 진공은 결코 아무것도 존재하지 않는 고요한 공간이 아닙니다. 오히려 곳곳에서 입자와 반입자가 쌍으로 생겨났다 사라지는 과정이 반복되는, 매우 바쁜 공간이라는 사실을 알게 된 것입니다. 이러한 입자와 반입자가 생기는 것을 '쌍생성'이라 하고, 곧바로 함께 사라지는 것을 '쌍소멸'이라고 부릅니다. 진공 속에서는 이 쌍생성과 쌍소멸이 끝없이 일어나고 있는 것이지요.

반입자는 '반물질'이라고도 불리며, SF 영화에 자주 등장하기 때문에 들어본 적이 있는 분도 많을 것입니다. 특수 상대성 이론의 유명한 식인 $E = mc^2$에 따르면, 입자와 반입자가 쌍소멸할 때 그 질량이 에너지로 전환됩니다. 그래서 많은 SF 영화에서는 이러한 막대한 에너지를 활용하는 설정이 자주 등장합니다. 예를 들어, 로켓 추진력을 얻기 위해 '반전자 엔진'이라는 개념이 나오기도 하지요.

실제로 전자와 반전자를 쌍소멸하면 그 질량 전체가 에너지로 전환되기 때문에 아주 소량의 전자와 반전자 덩어리만으로도 지구를 한순간에 날려버릴 만큼 막대한 에너지를 만들어낼 수 있습니다. 그러나 아쉽게도 SF 영화처럼 전자와 반전자의 쌍소멸을 통해 얻은 에너지를 이용한다는 것은 현실적으로 매우 어렵습니다. 반전자를 인공적으로 생성하는 것도 쉽지 않을뿐더러, 그것을 어딘가에 안정적으로 저장해두는 것은 더욱 까다로운 일이기 때문입니다. 실제로 우리 몸을 포함한 모든 물질은 입자로 이루어져 있으며, 반입자의 수는 입자에 비해 비교할 수 없을 정도로 적습니다. 사실 우주의 탄생 초기에는 입자와 반입자가 거의 비슷하게 존재했다고 추측됩니다. 그러나 현재 반입자는 거의 존재하지 않고, '우주론'의 수수께끼 중 하나로 남게 되었습니다(이를 설명하려는 이론이 몇 가지 제안된 바 있습니다).

일본인 최초로 노벨 물리학상을 받은 유카와 히데키

양자 장론은 '소립자 물리학'이라는 학문 분야와 함께 발전했습니다. 소립자 물리학은 물질을 구성하는 소립자의 구조와 그들 사이에서 작용하는 힘의 본질을 연구하는 분야입니다. 여기서 소립자란 더 이상 분해할 수 없는 가장 기본적인 입자, 즉 물질을 이루는 최소 단위의 입자를 말합니다. 영어로는 'elementary particle'이라고 합니다.

양자 장론을 바탕으로 소립자에 대한 근본적인 연구가 시작된 것은 20세기 초반이었습니다. 소립자 물리학은 일본의 물리학자 유카와 히데키가 예언한 '중간자'의 존재가 실제로 확인되면서 본격적으로 시작이 되었습니다.

제3장에서 원자는 원자핵과 전자로 구성되어 있으며, 양전하를 띤 원자핵 주위를 음전하를 띤 전자가 돌고 있다고 설명했습니다. 이때 원자핵과 전자를 서로 끌어당기는 힘은 제1장에서 살펴봤던 '전자기력'입니다.

반면, 원자핵은 양성자와 중성자로 이루어져 있습니다. 양성자는 양전하를 띤 입자, 중성자는 전하를 갖지 않아 전기적으로 중성인 입자입니다. 이러한 입자가 작은 원자핵 속에서 단단히 결합해 있다는 것은 전자기학만으로는 설명할 수 없습니다. 양전하를 띤 양성자는 서로 전기적으로 반발해야 하기 때문입니다. 현재는 원자핵을 구성하는 양성자와 중성자를 강하게 묶어주는 힘을 '핵력'이라고 부릅니다.

당시 핵력이 어떤 식으로 생겨나는지는 물리학자들에게 큰 수수께끼였습니다. 이에 대해 유카와는 양성자와 중성자를 단단히 결합시키는 핵력은 이들 입자가 '파이 중간자(핵력 중간자)'라는 미지의 입자를 주고받기 때문이라고 예측했습니다. 즉 핵력을 매개하는 존재가 파이 중간자라고 생각한 것입니다. 그는 불확정성 원리 등을 바탕으로 이 입자의 질량을 계산해 전자의 약 200배로 추정했고, 이를 1934년 학회에서 '중간자론'으로 발표했습니다. 이듬해에는 영문으로도 발표했지만, 지나치게 대담한 이론이라는 이유로 당시 물리학자들의 반응은 냉담했습니다.

그런데 1932년, 이번에는 반전자를 발견했던 앤더슨이 우주선을 관측하던 중에 파이 중간자로 추정되는 입자를 발견했다고 보고했습니다. 이 발표로 유카와의 중간자론은 단숨에 세계적인 주목을 받게 되었습니다. 그러나 안타깝게도, 이후 그 입자는 파이 중간자가 아니라는 사실이 밝혀졌습니다. 그것은 바로 이 책에서도 여러 차례 언급했던 뮤온이었습니다.

그러나 유카와의 중간자론은 점차 관심을 받기 시작했고, 그는 국제학회에 초대를 받기도 했습니다. 제2차 세계대전이 발발하면서 학회는 어쩔 수 없이 중단되었지만, 유카와는 미국에서 아인슈타인을 만나 의견을 나누며 파이 중간자 이론에 대한 강한 확신을 갖게 되었습니다. 그리고 마침내 1947년, 영국의 물리학자 세실 파월이 우주선의 궤도에서 유카와가 예언한 파이 중간자를 발견했습니다. 이것으로 1949년, 유카와는 일본인 최초로 노벨 물리학상을 받았습니다. 당시 전후 부흥이 한창이던 일본 사회에서 그의 노벨상 수상은 희망의 빛으로 떠올랐습니다.

유카와와 더불어 도모나가 신이치로도 소립자 물리학의 발전에 큰 공헌을 한 물리학자입니다. 도모나가는 1965년에 '양자 전자 역학의 기초적인 연구'로 미국의 물리학자 리처드 파인만과 줄리언 슈윙거와 함께 노벨 물리학상을 공동 수상했습니다.

가속되는 원자핵 연구

유카와가 예언한 파이 중간자가 발견되면서, 원자핵 안에 양성자와 중성자가 함께 존재하는 이유도 밝혀졌습니다. 파이 중간자에는 양전하를 가진 것과 음전하를 가진 것이 있는데, 양성자가 양전하를 가진 파이 중간자와 결합하면 중성자로 바뀌며, 파이 중간자는 중성자와 합쳐지면 양성자로 바뀝니다. 또한 중성자가 음전하를 가진 파이 중간자와 결합해 양성자로 바뀔 수도 있습니다. 즉 양성자와 중성자는 파이 중간자라는 매개체를 통해 지속적으로 서로 변환하며 결합된 상태인 것입니다(후에, 파이 중간자 중 일부는 전하를 갖지 않는 것도 있다는 사실이 밝혀졌습니다).

이 발견을 계기로 원자핵에 관한 연구는 급물살을 탔습니다. 특수 상대성 이론 $E=mc^2$에 따라 원자핵에 에너지를 공급하면 질량이 더 큰 원자핵을 만들 수 있다는 사실을 알게 되었고, 대형 실험 시설인 '가속기'를 이용하여 고에너지로 원자핵끼리 충돌시켜서 실제로 어떤 소립자가 있는지, 어떤 힘이 작용하는지 조사해나갔습니다.

그 결과, 람다 입자와 시그마 입자처럼 수천 가지에 달하는 입자를 만들 수 있다는 사실이 밝혀졌습니다. 전에는 기본 입자가 전자, 양성자, 중성자로 세 종류밖에 없다고 생각했습니다. 현재 자연계에는 원소가 118종류 있다고 알려져 있는데, 당시 이 원소들은 모두 전자, 양성자, 중성자의 조합으로 만들어진다고 생각했습니다. 그러나 실험을 통해, 수천 가지의 입자들이 계속해서 새롭게 발견되었습니다.

그래도 자연계에 수천 가지의 기본적인 입자가 존재한다는 것은 다소 부자연스럽게 여겨졌습니다. 그래서 연구를 계속 진행한 결과, 원자핵을 구성하는 가장 기본적인 입자는 '쿼크'라 불리는 입자이며, 양성자, 중성자, 그리고 파이 중간자, 람다 입자, 시그마 입자 등은 모두 쿼크(와 그 반입자인 반쿼크)의 조합에 불과하다는 사실이 밝혀졌습니다. 즉 118종의 원소가 원자핵 내 양성자 수의 차이에 따라 구분되는 것처럼, 수천 가지의 입자들이 존재하는 이유는 쿼크들이 결합하는 방식에 차이가 있기 때문입니다.

'소립자 물리학'의 눈부신 성장

이처럼 물질을 구성하는 입자를 점점 더 작은 단위로 분석하고, 그 구조를 밝혀내려는 학문이 소립자 물리학입니다.

이제부터는 지금까지 밝혀진 소립자의 구조와 성질을 소개하려고 합니다. 현재까지 소립자는 셈법에 따라 달라지지만, 총 17종류가 발견되어 있습니다. 이들 입자는 현재까지 이루어진 실험을 봤을 때 크기가 있어 보이지도, 다른 물질로 구성된 것처럼 보이지도 않습니다. 그런 의미에서, 이 17종의 입자는 '현재까지 관측을 통해 확인된 범위 안의 소립자'라고 할 수 있습니다.

그럼 소립자 물리학이 분명히 밝힌 미시 세계를 더 자세히 살펴보겠습니다. 먼저, 원자 하나의 크기는 약 100억 분의 1(10^{-10})미터이고, 원자핵의 크기는 그보다 4~5자릿수가 더 작고, 수소처럼 가벼운 원자핵은 약 1,000조 분의 1(10^{-15})미터입니다. 만약 원자핵을 1엔짜리 동전 크기라고 가정하면, 원자의 크기는 도쿄돔 하나보다 더 클 수도 있다는 뜻입니다. 즉 원자는 대부분 비어 있는 공간으로 구성된 셈입니다. 게다가 전자의 질량은 원자핵을 구성하는 양성자의 질량의 2,000분의 1밖에 되지 않으므로, 전자는 원자핵 주위를 비스듬히 떠다니는 모습을 상상할 수 있습니다. 이처럼 원자와 원자핵은 크기가 완전히 다릅니다. 앞서 말했듯이, 원자핵과 전자는 전자기력으로 서로 끌어당깁니다. 전자기력은 원자핵 내 양성자와 전자가 광자를 교환하면서 서로 끌어당긴다고 생각할 수 있습니다(자세한 내용은 나중에 설명하겠습니다).

한편, 원자핵은 양성자와 중성자로 구성되어 있으며, 이들의 크기는 약 1,000조 분의 1(10^{-15})미터로 비슷합니다. 양성자와 중성자는 더 작은 입자들로 이루어져 있는데, 그것이 '쿼크'입니다. 쿼크는 더 이상 분해할 수 없는 입자이므로, (현재 우리의 지식으로는) 소립자에 해당합니다. 쿼크 연구는 양자 장론을 기반으로 진행되었습니다. 현재의 관측 장치로는 공간 해상도가 10^{-19}~10^{-18}미터이지만, 그 정도의 해상도에서도 쿼크는 단순한 점으로밖에 보이지 않습니다. 이 쿼크들을 결합하여 양성자나 중성자를 만드는 힘을 '강한 힘'이라고 부릅니다.

또한 양성자와 중성자는 쿼크라는 소립자로 이루어져 있지만, 전자는 쿼크로 이루어져 있지 않으며 그 자체가 소립자입니다. 전자는 전자기력을 느끼지만, 강한 힘은 느끼지 않아서 원자핵 주위를 둥둥 떠다니게 됩니다.

실제로 쿼크는 총 여섯 종류가 존재하는 것으로 알려져 있으며, 양성자와 중성자를 구성하는 쿼크는 그 중 '업쿼크'와 '다운쿼크'라는 두 종류입니다. 양성자는 두 개의 업쿼크와 하나의 다운쿼크로 구성되어 있으며, 'uud'로 표기합니다. 반면, 중성자는 하나의 업쿼크와 두 개의 다운쿼크로 구성되어 있고, 이를 'udd'로 표기합니다. 업쿼크는 $+2/3$의 전하, 다운쿼크는 $-1/3$의 전하를 가집니다. 그래서 양성자는 총 $+1$의 전하를, 중성자는 전하가 0인 상태가 됩니다.

기타 쿼크에는 '참 쿼크', '스트레인지 쿼크', '톱 쿼크', '바텀 쿼크'가 있습니다. 이들 쿼크는 모두 강한 힘을 느낍니다.

또한 물질을 구성하는 소립자 중에는 강한 힘을 느끼지 않는 것도 있으며, 이를 '렙톤'이라고 부릅니다. 전자는 이 렙톤 중 하나이며, 렙톤은 총 여섯 종류가 있습니다. 전자, 뮤온, 타우 입자, 전자 뉴트리노, 뮤 뉴트리노, 타우 뉴트리노입니다. 이 중 뉴트리노는 전자기력도 느끼지 않기 때문에, 전자와 달리 공간을 거의 자유롭게 날아다닙니다.

이렇게 물질을 구성하는 소립자는 총 12종류(쿼크 6종+렙톤 6종)입니다.

이와 함께, 힘을 매개하는 소립자도 4종류가 있다는 사실이 밝혀졌습니다. 이들은 이론적으로 힘을 전달하는 역할을 하기 때문에 '게이지 입자'라고 불립니다. 구체적으로는 광자, 글루온, 위크 보손(W입자), 위크 보손(Z입자)입니다.

그리고 17번째 소립자는 '힉스 입자'로, 쿼크와 렙톤에 질량을 부여합니다. 이론적으로는 이 힉스 입자가 존재하기 때문에 쿼크와 렙톤이 질량을 가질 수 있습니다. 2012년, 세계적인 소립자 물리학 연구 거점인 CERN(유럽원자핵공동연구소)에서 이 입자를 발견했다는 소식이 전 세계에 퍼졌고, 이를 기억하는 분들도 많을 것입니다.

또한, 물질을 구성하는 소립자(12종류)는 '페르미 입자(페르미온)'에 속하며, 그 외의 소립자(5종류)는 '보스 입자(보손)'입니다(제3장 참조).

참고로, 일본의 소립자 물리학 연구는 세계적으로 높은 평가를 받고 있습니다. 유카와 히데키가 파이 중간자를 도입한 것을 계기로, 지금까지 세계를 견인해왔지요. 1987년에 고시바 마사토시가 세계 최초로 초신성 폭발에서 발생한 뉴트리노 검출에 성공했으며, 이 업적으로 2002년 노벨 물리학상을 받은 사실은 아직 기억에 남아 있지 않을까요?

자연 현상은 단 4개의 힘으로 이루어진다

소립자 물리학의 발전과 함께 소립자들의 종류가 밝혀지면서, 동시에 한 가지 분명해진 사실이 있습니다. 그것은 자연의 다양한 현상이 결국 '전자기력', '강한 힘', '약한 힘', '중력'이라는 4가지 기본적인 힘으로 설명될 수 있다는 점입니다. 이들 힘은 각기 다른 소립자들을 주고받으며 발생하는 것으로 추측됩니다. 이 중 중력은 소립자 물리학에서는 중요하지 않으니(이 부분은 나중에 다루겠습니다), 지금은 나머지 세 가지 힘에 대해 소개하겠습니다.

먼저 전자기력이란, 전기나 자기를 가진 물질이 서로 끌어당기거나 밀어내는 힘입니다. 예를 들어 원자핵과 전자는 전자기력에 의해 서로 끌어당깁니다. 이 전자기력을 양자 장론을 사용해서 설명하면, 이 힘이 광자를 주고받으면서 발생한다는 사실을 알 수 있습니다.

이어서 강한 힘은 쿼크를 양성자, 중성자, 파이 중간자 안에 가두는 힘입니다. 전자기력보다 힘이 더 강하다고 해서 이렇게 이름이 붙여졌습니다. 이 힘은 쿼크가 글루온을 교환하면서 발생합니다. 마찰력이 전자기력 등의 힘에서 발생하는 2차적인 힘인 것처럼, 유카와 박사가 처음 제안한 핵력은 사실 강한 힘의 2차적인 힘이라는 것이 현재는 밝혀졌습니다.

반면, 약한 힘은 중성자가 양성자로 붕괴하는 것처럼, 어떤 입자가 다른 입자로 변하는 과정을 일으키는 힘입니다. 전자기력보다 약하다고 해서 이런 이름이 붙여졌습니다. 위크 보손이 이 힘을 담당합니다.

우리 주위에는 다양한 힘들이 존재하는 것처럼 보이지만, 물리학자의 오랜 이론 연구, 실험, 관측을 거친 결과, 자연에서 일어나는 다양한 현상에 작용하는 힘은 결국 이 세 가지 힘 중 하나(그리고 중력)로 귀결된다는 사실이 밝혀졌습니다. 이는 실로 놀라운 일입니다.

게다가 소립자 물리학자들은 쿼크, 렙톤, 힉스 입자 등이 힘을 매개하는 입자와 어떻게 상호작용하는지, 게이지 원리라는 수학적으로 아름다운 구조를 바탕으로 양자 장론의 틀 안에서 하나의 식으로 정리하는 데 성공했습니다. 이 식은 표기법에 따라 다를 수 있지만, 가장 간단한 형태로는 한 줄로도 표현할 수 있습니다. 소립자 물리학에서 원자핵, 물성 물리학, 화학, 생물학, 지질학 등 우리 주위의 현상은 원리적으로는 모두 이 하나의 식으로 설명될 수 있습니다!

현재 이 소립자 물리학의 최종 이론이라고 할 수 있는 이론은 '소립자의 표준 모형'이라고 불립니다. 이 표준 모형이 완성된 것은 지금으로부터 약 50년 전의 일입니다. 즉 소립자 물리학은 약 50년 전까지 이렇게나 발전한 것입니다.

우주를 밝혀내는 데 빠질 수 없는
소립자 물리학

소립자 물리학의 발전이 우리 일상에 어떤 혜택을 가져다줄지는 아직 미지수이지만, 우주의 수수께끼를 풀기 위해서는 절대 빼놓을 수 없습니다. 현재 소립자 물리학 연구자들의 가장 큰 관심사는, 우주의 근본적인 구성 요소를 밝혀내는 것에 있습니다.

일반 상대성 이론은 중력에 의해 시공간이 늘어나고 휘어지는 과정을 이론적으로 밝혀냈습니다. 이 이론을 바탕으로 우주가 팽창하고 있다는 주장이 제기되었고, 실제로 관측을 통해 확인할 수 있었습니다.

우주가 팽창하고 있다는 것은, 반대로 말하면 초기 우주는 매우 높은 밀도와 고온을 가진 세계였다는 의미입니다. 이러한 고온 고밀도 환경에서 물질이 어떻게 움직이는지 이해하기 위해서는 소립자 물리학이 반드시 필요합니다.

그렇다면 우주는 어떻게 생겨났을까요? 그리고 우주 초기에는 어떤 상태였을까요? 아쉽게도 한정된 공간에서 현대 우주론을 자세히 설명하는 것은 불가능하므로 그 부분은 저의 책《왜 우주는 존재하는가: 첫 현대우주론》에서 다루기로 하고, 여기서는 우주의 역사에 대해 현재 밝혀진 사실들을 간략하게 살펴보겠습니다.

우주가 약 138억 년 전에 탄생했다는 사실은 우주 팽창을 해석하면서 밝혀졌습니다. 이론적으로는 우주가 탄생하고 약 0.1초 이후부터의 우주의 역사는 거의 완벽하게 알려져 있습니다. 탄생 직후 약 0.1초 동안 우주의 온도는 약 10억 도였으며, 양성자와 중성자가 돌아다니는 세계였습니다. 원자핵은 아직 형성되지 않았지요.

우주는 그때부터 팽창하면서 냉각되었고, 우주가 탄생하고 나서 약 1초에서 3분 사이에 처음으로 원자핵이 합성되었습니다. 그 전의 우주는 매우 고온이었기 때문에 양성자와 중성자는 높은 에너지의 광자로서 원자핵 형태로 모일 수 없었기 때문입니다. 이 '빅뱅 원자핵 합성'이라 불리는 과정은 소립자와 원자핵 물리를 통해 자세히 알아볼 수 있습니다. 구체적으로는 우주의 온도가 떨어지면서 어떤 원소들이 어느 정도의 비율로 생겼는지, 그 존재비도 계산해서 구할 수 있습니다. 그리고 그 계산 결과는 현재 우주를 관측해서 얻은 결과와 오차 범위 내에서 완전히 일치합니다.

참고로, 베릴륨보다 원자 번호가 큰 원소들, 예를 들어 붕소, 탄소, 질소, 산소 등은 이 빅뱅 원자핵 합성으로는 거의 만들 수 없습니다. 우리의 몸은 주로 탄소, 질소, 산소 등으로 이루어져 있지만, 이들 원소는 더 나중에 형성되었습니다. 구체적으로는 우주가 탄생하고 나서 1~10억 년 사이에 항성이 탄생했고, 그 내부에서 일어난 핵반응을 통해 이들 원소가 만들어졌습니다. 그리고 이 '제1세대' 별들이 수명을 다해 폭발하면서 만들어진 원자핵이 우주에 흩어지게 되었습니다. 그것을 바탕으로 형성된 제2세대(혹은 제3세대)의 별들 중 하나가 우리의 태양입니다. 이것이 우리 태양계에 탄소, 질소, 산소, 금속 등 무거운 원소가 존재하는 이유입니다. 즉 저를 포함한 우리의 몸은 모두 옛날 별의 잔해인 탄소, 질소, 산소 등으로 이루어져 있다는 것입니다.

우주가 탄생한 후 약 1초에서 3분 사이에 원자핵이 형성된 후, 그것이 전자를 결합해 원자가 생성되기까지는 우주의 온도가 상당히 낮아져야 했습니다. 그래서 원자핵과 전자가 결합해 원자가 생긴 것은 우주 탄생 후 약 38만 년이 지나고 나서의 일이었습니다. 이 값도 정밀한 계산을 통해 도출한 결과입니다. 종종 우주 탄생에 대해 이야기할 때, '과학자들은 그렇게 생각하겠지만, 나는 그렇지 않다'고 주장하는 사람들이 있는데, 이는 생각의 문제가 아니라 소립자와 원자핵 물리학에 따른 이론적 계산에서 나온 결과이며, 또한 관측한 결과와도 매우 높은 정확도로 일치하기 때문에 의심의 여지가 없습니다.

그럼 탄생 후 0.1초보다 더 이전의 우주는 어떤 상태였을까요? 이 시기의 우주에 대한 관측 데이터는 그 이후의 것들보다 부족합니다. 그러나 다양한 고찰을 통해 우주의 역사를 거슬러 올라가면, 우주는 더 높은 온도를 가졌을 것으로 추측할 수 있습니다. 그리고 그 시기의 우주가 어떤 모습이었는지는 소립자 물리학 이론을 통해 알 수 있습니다. 예를 들어 우주 탄생 후 약 0.0001초 이전, 온도가 약 1조$^{\circ}$C 이상이었던 시기에는 극고온 상태라서 양성자와 중성자가 존재할 수 없었고, 이들은 쿼크 상태에 있었습니다. 시간을 더 거슬러 올라가면, 우주에는 그보다 온도가 더 높았던 시대가 있었던 것으로 추측됩니다. 이러한 초기 우주의 초고온 상태를 빅뱅이라고 부릅니다.

현재 과학자들은 이러한 초고온 단계 이전에 '인플레이션'이라 불리는 급격한 팽창이 일어났을 것으로 추측하고 있습니다. 인플레이션은 10^{-30}이라는 찰나의 시간 동안 원자핵 크기의 영역이 현재 관측 가능한 전 우주 크기로 급격히 팽창하는 현상입니다. 이 과정에서 우주의 온도는 급격한 팽창 때문에 뜨거운 입자들이 흩어져버려 사실상 '열'이 존재하지 않았습니다. 하지만 인플레이션은 곧 끝났고, 그때 급팽창을 일으킨 에너지가 열에너지로 전환되면서 우주는 매우 높은 온도를 가지게 되었습니다. 이것이 빅뱅 우주의 시작입니다(참고로, 빅뱅이라는 용어는 인플레이션 이전 우주의 진짜 시작을 의미하는 데 사용되기도 하지만, 여기서는 인플레이션 종료 후 고온 상태의 우주를 의미합니다).

암흑에너지와 암흑물질의 정체는?

중력에 의해 물질끼리 끌어당기면서 우주의 팽창 속도는 점차 감속할 것이라고 예상되었습니다. 그러나 예상과 달리, 1998년에 우주의 팽창은 감속하기는커녕 오히려 약 50억 년 전부터 가속하고 있다는 사실이 관측을 통해 분명해졌습니다. 이 결과는 큰 충격이었습니다. 이는 우주 에너지의 대부분이 물질에 의한 것이 아니라는 사실을 의미합니다. 이 우주의 팽창을 가속화하는 미지의 에너지는 '암흑에너지(다크 에너지)'라고 불립니다. 암흑에너지의 후보로는 '진공 에너지'라고 해서 공간 자체가 가진 에너지가 유력해 보입니다. 그러나 관측으로는 아직 확정되지 않았습니다. 현재는 이 암흑에너지가 우주 전체 에너지의 약 70%를 차지하는 것으로 알려져 있습니다.

나머지 30%는 물질에 의한 에너지인데, 이 물질의 대부분은 우리 눈에 보이지 않는 미지의 물질인 '암흑물질(다크 매터)'이라는 사실이 밝혀졌습니다. 이 암흑물질의 존재는 처음에는 은하 안에서 별들의 운동을 분석하던 중에 발견되었습니다. 현재는 암흑물질의 존재를 뒷받침하는 증거가 여러 가지 관측을 통해 축적되었고, 그 존재는 거의 확실해졌습니다. 예를 들어 암흑물질도 물질이기 때문에 중력을 느끼고, 그 존재와 위치는 앞서 언급한 '중력 렌즈' 현상을 통해 알 수 있습니다. 또한, 암흑물질은 소립자 표준 모형에 포함된 입자가 아니라는 사실이 관측과 이론을 통해 밝혀졌으며, 이 입자를 직접 검출하는 것은 소립자 물리학의 더 큰 발전으로 이어질 것으로 기대됩니다.

암흑에너지와 암흑물질을 합치면 우주 에너지 전체의 약 95%를 차지합니다. 즉 에너지 비율로 따지면, 우리는 우주의 95%를 차지하는 이 두 가지 정체를 모른다는 뜻이 됩니다. 그래서 이들의 정체를 밝혀내고자, 현재 이론 연구와 더불어 관측 기술 개발, 그리고 최첨단 장치를 활용한 관측이 세계 각국에서 활발히 진행되고 있습니다.

양자역학과 중력의
불편한 사이

양자 장론이 확립되고, 양자역학과 특수 상대성 이론이 통합된 것은 1930년경의 일이었습니다. '다음은 드디어 양자역학과 일반 상대성 이론을 통합할 차례!'라며 많은 물리학자들이 기세등등하게 연구에 임했습니다. 하지만 난항을 겪었고, 지금도 완성될 기미가 보이지 않습니다.

그래도 현재의 이론 물리학이 실제로 크게 어려움을 겪지 않는 이유는 양자역학과 중력이 동시에 중요한 역할을 하는 상황이 드물기 때문입니다. 이건 무슨 뜻일까요?

의외라고 생각할 수도 있지만, 중력이 매우 약한 힘이기 때문입니다. 예를 들어 양자와 전자 사이에서 작용하는 중력의 크기는, 그 사이에서 작용하는 전자기력에 비해 약 40자릿수 정도나 작습니다. 실제로 소립자 표준 모형에는 중력이 포함되지도 않습니다. 그러나 이 사실은 큰 문제가 되지 않습니다. 중력의 효과는 실험 결과에서 40자리째에 겨우 나타날 정도로 미미하며, 40자릿수까지 정확하게 측정할 수 있는 실험은 존재하지 않기 때문입니다.

하지만 우리 입장에서는 중력이 훨씬 더 중요하게 여겨집니다. 실제로 우리가 지구에 서 있을 수 있는 것도 중력 덕분이며, 천체의 운행도 중력에 지배를 받기 때문이지요. 이는 다른 세 가지 힘과는 다른, 중력만의 독특한 특징 때문입니다. 우리의 몸이나 별처럼 거시적인 물체는 많은 소립자로 이루어져 있습니다. 이러한 물체에서 다른 세 가지 힘은 양과 음이 서로 상쇄됩니다. 예를 들어 전자기력의 경우, 원자는 중성이기 때문에 거시적인 물체에서는 인력과 척력이 서로 작용하여 사실상 힘이 사라집니다. 하지만 중력은 그렇지 않습니다. 중력에는 인력만 존재하기 때문에 거시적인 물체를 구성하는 소립자들 사이의 중력은 서로 상쇄되지 않고 단순히 더해지기만 합니다. 그 결과, '티끌 모아 태산'이 되듯, 거시적인 물체에서는 중력이 가장 중요한 힘이 되는 것입니다. 역사상 중력이 처음에 발견된 이유도 이런 특성 때문입니다.

하지만 입자가 많이 모인 거시적인 상태에서는 양자역학의 효과가 평균화되어 사실상 사라지게 됩니다. 그래서 현재는 중력과 양자역학이 동시에 중요한 역할을 하는 상황을 만날 일이 거의 없는 것이지요. 그에 따라 양자론의 효과가 중요한 상황에서는 양자 장론 등 양자역학을 사용하고, 중력이 중요한 상황에서는 고전 역학 이론인 일반 상대성 이론을 사용하여 문제를 해결합니다. 즉 다루는 영역에 따라 각각 다른 이론을 적용하는 것입니다.

자연계가 양자역학의 규칙에 따라 움직이는 것은 사실이며, 중력이 존재하는 것도 사실입니다. 따라서 두 가지 이론을 모두 포함하는 이론은 반드시 존재할 것입니다. 중력이 중요하지 않은 상황에서는 일반적인 양자 장론으로 근사할 수 있고, 양자역학의 효과가 중요하지 않은 상황에서는 일반 상대성 이론으로 근사할 수 있는, 어떠한 이론이 분명 존재할 것입니다.

하지만 많은 물리학자가 오랫동안 노력했어도 아직 그러한 이론은 완성되지 못했습니다. 양자역학과 일반 상대성 이론을 단순히 융합하려고 하면, 어떤 한정된 상황에서는 잘되지만, 일반적인 경우에는 계산 결과가 0 = 1과 같은 수학적으로 의미 없는 결론에 이르게 됩니다. 신기하게도 양자역학과 중력은 매우 불편한 관계처럼 보입니다.

'초끈 이론'이란

그러던 중 중력과 양자역학을 통합할 가능성이 있는 이론으로서 가장 유력한 후보로 떠오른 것이 1970년대에 제창된 '초끈 이론'입니다.

초끈 이론을 구축하는 데도 수많은 물리학자가 공헌했습니다. 처음에는 '끈 이론'으로 시작했지만, 후에 '초대칭성'이라는 성질을 추가하면서 중력과 양자역학을 모두 포함하는 의미 있는 이론을 만들 수 있다는 주장에 따라, 초끈 이론은 단계적으로 발전했습니다.

초끈 이론의 발전에 큰 역할을 한 이론 물리학자들로는 영국 케임브리지대학교의 마이클 그린 교수, 미국 캘리포니아 공과대학교의 존 슈왈츠 교수 등이 있습니다. 또한 일본계 미국인 이론 물리학자 난부 요이치로도 크게 공헌했습니다. 난부는 2008년에 '자발 대칭 깨짐'을 발견하여 노벨 물리학상을 받았기 때문에 아는 분들도 많을 것입니다.

그럼 대체 초끈 이론이란 어떤 이론일까요?

초끈 이론을 한마디로 설명하자면, '물질을 구성하는 최소 부품인 소립자가 크기를 갖지 않는 점이 아니라, 길이를 갖는 〈끈〉으로 이루어져 있다'는 이론입니다. 이 이론에 따르면, 소립자뿐만 아니라 시공간 자체도 모두 끈과 같은 성질을 가진다고 주장합니다.

이 끈은 두께가 없다고 여겨집니다. 또한 이 끈은 끊임없이 진동하며, 그 진동 방식의 차이에 따라 소립자의 종류가 달라지는 것처럼 보입니다. 즉 우리가 양자 장론을 통해 다른 소립자로 인식하는 것들은 사실 진동 방식의 차이에 불과하며, 본질적으로는 모두 같은 종류의 끈이라는 것입니다.

초끈 이론에 따르면, 끈의 길이는 $10^{-35} \sim 10^{-33}$미터 범위 내에 있을 것으로 추정됩니다. 현재의 관측 가능한 공간 해상도는 가속기라는 실험 장치를 통해 얻을 수 있는 약 10^{-19}미터가 최고입니다. 따라서 현재 기술로는 최고의 공간 해상도를 가졌다 하더라도, 이 끈을 직접 관측할 수는 없습니다.

끈은 늘거나 줄어들 수 있으며, 일정한 길이 이상 늘어나면 끊어져서 둘로 나뉘거나, 끈의 양쪽을 연결해 링 모양으로 만들 수도 있습니다. 이때, 일반 끈을 '열린 끈'이라고 하고, 링 모양인 끈을 '닫힌 끈'이라고 부릅니다.

초끈 이론의 예언 중 하나는 끈이 9차원 공간에서 진동한다는 것입니다. 그러나 이것은 우리가 관측할 수 있는 3차원 공간과 반드시 모순되는 것은 아닙니다. 우리는 3차원 공간만 인식할 수 있지만, 나머지 6차원은 관측할 수 없을 정도로 너무 작다고 생각할 수 있기 때문입니다.

여기까지 들으면, 초끈 이론은 매우 난해하고 기상천외한 이론처럼 보입니다. 하지만 우리가 아는 한, 만물의 구성 요소가 9차원 시공간에서 존재하는 끈이라고 생각했을 때, 기적적으로 바늘구멍을 통과하는 방식으로 중력과 양자역학을 모순 없이 통합할 수 있습니다. 게다가 자연계의 가장 기본적인 구성 요소가 양자역학적인 끈이라고 본다면, 중력은 반드시 존재해야 한다는 결론에 도달하게 됩니다. 이는 양자 장론에 중력을 근본적으로 짜 넣기가 매우 어려웠던 점(그래서 실현하지 못했던 점)과 매우 대조적입니다.

현재 초끈 이론은 완전한 이론은 아니며, 소립자가 끈으로 이루어져 있다는 증거도 아직 발견되지 않았습니다. 그럼에도 초끈 이론은 물리학의 여러 의문을 해결할 가능성을 품고 있어 활발히 연구되고 있습니다. 또한 여기서 모두 설명할 수는 없지만, 초끈 이론은 '쌍대성', '게이지 중력 대응', '막 우주', '멀티버스(다중 우주론)' 등 다양한 새로운 개념들을 제시하고 있습니다.

앞으로는 양자론과
일반 상대성 이론의 통합이 큰 과제

이론 물리학의 향후 가장 큰 과제는, 역시 양자론과 일반 상대성 이론을 통합하는 '양자 중력 이론'의 완성입니다. 이를 위한 노력은 물리학의 궁극적인 목표인 '자연계의 모든 현상을 통일적으로 기술하는 이론'의 완성에 중요한 역할을 할 것으로 기대됩니다.

현재 직접 관측할 수 있는 영역에서는 보통 양자론과 일반 상대성 이론을 짜깁기해서 사용하면 충분했지만, 블랙홀이 양자적으로 어떤 움직임을 보이는가, 시공간이 어떻게 시작되었는가 하는 질문에 답하려면 양자 중력 이론이 반드시 필요합니다. 이 이론을 완성시키는 과정에서 물리학의 새로운 혁명이 일어날 것으로 기대됩니다.

보강

시간은 되돌릴 수 있는가?
[통계역학]

물리 법칙을 '통계적'으로 이해하기

현대 물리학의 세 기둥은 '상대성 이론', '양자론', '통계역학'입니다. 지금까지 상대성 이론과 양자론에 대해서는 자세히 소개했습니다. 여기서는 세 번째 기둥인 '통계역학'에 대해 설명하려고 합니다.

제2장에서 '열역학'의 현대 버전이 통계역학이라고 소개했습니다. 뉴턴 역학의 현대 버전이 상대성 이론인 것처럼, 열역학의 사고법을 통계적으로, 더 근본적인 요소에서 이해하려는 것이 바로 통계역학입니다.

열역학은 주로 에너지 변환과 효율을 다루는 학문입니다. 원래는 증기기관처럼 열에너지를 효율적으로 이용할 방법을 모색하는 과정에서 발전했습니다.

반면, 통계역학은 열역학을 더 깊이 이해하기 위한 이론입니다. 19세기 후반에 볼츠만은 분자와 원자의 움직임을 바탕으로 열역학의 원리를 재해석했습니다. 그 결과, 열의 움직임과 같은 개념을 미시 입자의 통계적 성질과 관련짓게 되었습니다.

20세기에 들어서면서, 열역학의 원리를 더 통계적 개념으로 재구축하려는 움직임이 활발해졌습니다. 이것이 통계역학의 시작입니다. 볼츠만이 제창한 혁명적 개념은 당시에는 크게 받아들여지지 않았지만, 이후 연구들에서 중요성이 인식되기 시작했습니다.

통계역학의 기초를 다지는 과정에서 아인슈타인도 중요한 기여를 했습니다. 그가 1905년에 낸 논문에서는 브라운 운동이라 불리는 현상을 통계역학적으로 설명했습니다.

꽃가루에서 유출된 미립자가 액체에 들어가면, 그 미립자가 무작위로 움직이는 현상이 관찰됩니다. 이것이 브라운 운동입니다. 이 현상은 액체의 분자가 무작위로 움직이며 미립자와 충돌하면서, 미립자가 이동하게 되는 결과로 발생합니다. 아인슈타인은 이 현상을 통계적으로 분석했고, 일정 시간이 지난 후에 미립자가 어느 정도 이동했는지를 예측할 수 있다는 사실을 명확히 밝혔습니다.

'온도'는 원자나 분자의
평균적인 활동량

상대성 이론이나 양자역학은 물리적 현상을 근본적으로 이해하기 위한 이론입니다. 예를 들어 양자역학에서는 두 개의 입자가 충돌했을 때 그 움직임을 확률적으로 계산할 수 있습니다. 하지만 현실 세계는 입자 한두 개로 이루어진 것이 아니라, 사실은 매우 많은 입자로 구성되어 있습니다. 이렇게 방대한 수의 입자가 어떻게 움직이는지 모두 계산하는 것은, 어떤 고성능 컴퓨터라도 어려운 일입니다. 그래서 수많은 입자의 움직임을 대략적으로 이해할 필요가 있었습니다. 그렇게 해서 생긴 것이 통계역학입니다.

예를 들어, 열이란 실제로 각 원자나 분자가 무작위로 운동하는 상태를 가리킵니다. 물질이 온도를 갖는 이유는 바로 이 미시적인 운동에 의한 것이지요. 온도가 높다는 것은 원자나 분자의 운동이 격렬하다는 뜻이고, 반대로 온도가 낮다는 것은 그 운동이 느리다는 것을 의미합니다.

물을 가열하면 분자의 운동이 빨라지고, 특정 온도를 넘으면 물은 수증기로 변하게 됩니다. 이것을 '상전이'라고 합니다. 반대로, 온도를 점차 낮추면 분자의 운동은 점점 느려지고, 결국에는 거의 움직이지 않게 됩니다. 이 상태가 고체, 즉 얼음 상태입니다. 거기서 온도를 더 낮추면 분자의 운동이 완전히 멈춘 상태인 절대영도에 도달합니다.

온도라는 개념은 사실 각 원자나 분자의 움직임의 통계적 결과입니다. 만약 모든 원자나 분자의 움직임을 정확히 추적할 수 있다면, 온도라는 개념은 필요하지 않겠지요. 하지만 실제로는 개별적인 원자나 분자의 움직임을 모두 파악할 수 없기 때문에, 우리는 그들의 전체적인 평균 활동량을 온도로 표현하는 것입니다.

이 원리는 실제로 우리 사회에도 널리 활용되고 있습니다. 예를 들어 통계역학을 통해 증기기관이나 원자력 발전에서 얻을 수 있는 에너지양을 예측할 수 있지요.

시간은 왜 한쪽 방향으로만 흐를까?

또한 통계역학은 시간의 성질에 대해서도 중요한 시사점을 제공합니다. 시간의 진행이 통계적 성질에 의해 결정된다고 볼 수 있기 때문입니다.

뉴턴 역학, 상대성 이론, 양자역학은 시간의 전후를 구별하지 않습니다. 즉 시간의 방향성 개념이 포함되어 있지 않지요. 이에 대해 우리가 느끼는 시간의 일방향성, 즉 '시간이 왜 한쪽 방향으로만 흐르는가?'라는 질문은 통계역학을 통해 설명될 가능성이 있습니다.

시간의 방향성을 이해할 때 중요한 개념이 바로 '엔트로피'입니다. 엔트로피란 난잡함이나 무질서함을 나타내는 척도입니다. 자연계의 사상事象은 엔트로피가 증가하는, 즉 무질서한 방향으로 흐릅니다. 정확한 예는 아니지만, 방은 시간이 지남에 따라 점점 어질러집니다. 지저분한 방이 시간의 경과와 함께 자연스럽게 정리되는 일은 없습니다. 이는 깨끗한 방에서 지저분한 방으로 변하는 일방향성을 보여주는 예시입니다.

다른 예를 들어보겠습니다. 물이 든 수조에 빨간 잉크를 떨어뜨리면, 잉크는 시간이 지나면서 물 전체로 퍼져 분홍색으로 물듭니다. 하지만 한 번 분홍색이 된 물이 다시 투명해지고, 잉크가 한 점으로 모이는 일은 없습니다. 즉 여기에는 시간의 방향성이 생긴 것처럼 보입니다.

이 현상을 미시적으로 보면, 잉크 분자가 물 분자와 충돌하면서 서서히 퍼지는 과정에 불과합니다. 단순히 분자 간의 충돌이 무작위로 일어난 것일 뿐, 그 자체로 특정한 방향성은 존재하지 않습니다. 이론적으로는 물 분자 속에 퍼진 잉크 분자가 우연히 다시 한곳으로 모이는 경우도 가능하긴 합니다.

하지만 현실 세계에서 잉크가 다시 모이는 일은 불가능합니다.

그 이유는 무작위 충돌이 이루어졌을 때 나타나는 패턴 중에, 잉크가 모여서 보이는 패턴에 비해 물 전체가 분홍색으로 보이는 패턴이 훨씬 더 많기 때문입니다.

단순화해서 생각해보겠습니다. 예를 들어 4×4로 나누어진 정사각

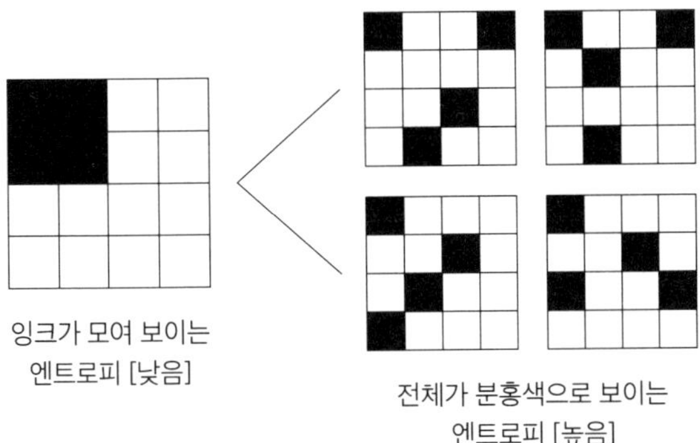

형에서 잉크 분자가 왼쪽 위에 4개 있고, 나머지 12개는 물 분자라고 가정해보겠습니다. 시간이 흐르면서 이웃하는 분자끼리 무작위로 바뀐다고 생각해보세요. 잠시 시간이 지나면, 잉크 분자는 뿔뿔이 흩어져 있을 것입니다. 이론상으로는 시작했을 때와 똑같이 잉크 분자 4개가 한곳에 모인 상태로 돌아갈 가능성도 있지만, 그보다는 잉크 분자가 여기저기 흩어져, 즉 분홍색으로 보이는 상태로 흐를 확률이 훨씬 더 높습니다.

실제로 물이 든 수조에는 12개는커녕 상상할 수 없을 만큼 많은 물 분자가 존재하기 때문에, 빨간 잉크 분자가 한군데로 모일 확률은 극단적으로 낮습니다. 이런 방식으로 통계적으로 봤을 때, 나아가기 쉬운 방향으로 나아가는 것이 '시간의 방향성'을 나타낸다고 볼 수 있습니다.

이 개념을 노화에 적용하면, 몸이 젊을 때보다 노화된 몸에 대응하는 미시적인 패턴이 압도적으로 많기 때문에, 인간은 반드시 늙는다고 생각할 수 있습니다. 태양이나 별도 마찬가지로, 초신성 폭발을 일으키는 등 마지막을 맞이하는 방향으로 향하는 패턴이 훨씬 더 많습니다.

이는, 만약 이러한 움직임을 제어하여 무질서를 향하는 방향과 반대 방향으로 나아가게 할 수 있다면, 실질적으로 시간을 되돌릴 수 있다는 가능성을 제시합니다. 다만, 이를 미시적인 수준에서 완전히 제어하기란 매우 어려워 실제로는 거의 불가능하다는 것입니다.

에너지를 절약한다 ×
엔트로피를 올리지 않는다 ○

엔트로피와 쌍을 이루는 개념은 에너지입니다. 에너지는 '보존 법칙'에 따라, 항상 보존됩니다. 예를 들어, 공을 밀어서 굴리면 언젠가는 멈추지만, 이는 에너지가 소멸한 것이 아니라 마찰로 인해 운동 에너지가 열에너지로 변환된 것일 뿐, 에너지의 총량은 변하지 않습니다.

따라서 '에너지를 절약하자'는 말은 물리학적으로 보면 이상합니다. 에너지의 총량은 변하지 않기 때문에 절약할 것도 없지요.

다만, 에너지의 총량은 변하지 않지만 엔트로피는 늘어납니다. 엔트로피가 작은 상태에서는 에너지가 질서 있게 존재하기 때문에 이용하기 쉬워집니다. 반대로, 엔트로피가 높은 상태에서는 에너지가 무질서하게 존재하기 때문에 이용하기 어려워집니다.

따라서 우리가 '에너지를 절약합시다.'라고 말할 때는, 사실 '엔트로피를 올리지 않도록 합시다.'라고 말하는 것입니다. 이것이 물리학적으로 말하는 '에너지를 절약한다'는 뜻입니다. 에너지를 효율적으로 사용하려면, 최대한 질서 있는 상태로 유지하여 엔트로피가 낮은 상황을 만드는 것이 중요합니다.

원래 산업혁명 시기에 '증기기관을 효율적으로 활용하려면 어떻게 해야 할까?'라는 사회적 요청으로 생겨난 열역학이 통계역학으로 이어졌고, 그것이 결국 시간이라는 우리 세계의 근본적인 구조와도 얽혀 있다는 사실은 신기하고 흥미로운 일입니다.

'시간의 흐름'에 대한 고찰

통계역학적 사고를 바탕으로 시간을 조금 더 깊이 생각해봅시다.

앞서 나온 물과 잉크 이야기를 예로 들면, 잉크를 물에 떨어뜨리고 그것이 퍼져나가 물 전체가 분홍색으로 물들었을 때, 우리는 시간의 경과를 느낄 수 있습니다. 그런데 물이 분홍색으로 물든 후, 그 상태에서 더 이상 변화가 없는 것처럼 보일 때도 여전히 '시간이 흐르고 있다'고 말할 수 있을까요?

실제로 같은 분홍색으로 보이더라도, 분자 수준에서는 물 분자와 잉크 분자가 끊임없이 움직이고 있기 때문에, 그런 의미에서는 시간이 흐르고 있다고 할 수 있습니다. 하지만 우리는 그 미세한 움직임을 인식할 수 없지요. ……어쩐지 이야기가 복잡해졌습니다.

즉, 우리가 보통 '시간이 흐른다'라고 느끼는 것은 사실 거시적 세계에서 통계적으로 나타나는 현상에 불과하지 않을까 하는 것입니다. 빨간 잉크를 떨어뜨려 물이 분홍색으로 물들어가는 과정에서 우리는 시간의 일방향성을 느끼지만, 사실 단순히 분자들이 방향성 없이 무작위로 움직이는 것일 뿐, (가능성은 극히 낮지만) 잉크가 떨어진 순간의 상태로 돌아갈 수도 있습니다. 우리는 완벽하게 분홍색으로 물든 물에서 시간의 경과를 느끼지만, 실제로 분자 수준에서는 그 상태가 항상 변하고 있습니다. 이렇게 시점을 바꾸어보면, 근본적인 수준에서 '시간의 일방향성'은 존재하지 않는다는 사실을 깨달을 수 있습니다. 우리는 단지 통계적으로 일어나기 쉬운 방향, 즉 엔트로피가 커지는 방향으로 나아가고 있다는 것을 '시간이 흐른다'고 인식하는 것뿐입니다.

이러한 시점에서 시간 흐름의 일방향성은 단순히 인간의 인식이며, 실제로는 존재하지 않는다는 관점도 가능합니다. 시간에 방향성이 있다고 느끼는 것은, 우리가 세상을 인식하는 방식에 따른 결과입니다.

저는 여기서 통계역학의 재미를 느낍니다. 상대성 이론이나 양자역학을 바탕으로 한 시간의 지연이나 중력 이야기는 확실히 가슴이 뜁니다. 하지만 시간의 근원적인 수수께끼에 다가가려면, 전체적인 움직임을 대략적으로 파악하는 통계역학이 필요합니다. 그 재미를 독자에게 전하고자, 이 책의 테마인 '중력'과는 조금 벗어나지만, 열역학과 통계역학 이야기를 다뤄보았습니다.

시간은 있을 수도 있고 없을 수도 있다

이야기가 살짝 샛길로 빠지는데, '시간은 존재하지 않는다'는 말을 들어본 적이 있을 것입니다. 이는 시간이라는 개념 없이도 원리적으로 사물을 설명할 수 있다는 의미입니다.

조금 철학적인 이야기가 섞이는데, 자주 등장하는 예로 '돌고래는 존재하는가?'라는 질문이 있습니다. 대부분 '당연히 존재하지!'라고 대답하겠지만, 정말 그럴까요?

돌고래를 미시적 시점에서 인식하면, 물리 법칙에 따라 원자와 분자가 움직이고 있을 뿐입니다. 이 원자와 분자의 시간적 변화를 따라갈 때는 돌고래라는 개념을 도입할 필요가 없습니다. 이를 바탕으로 '돌고래는 존재하지 않는다.'라고 주장할 수도 있습니다.

하지만 미시적으로 시간의 경과를 추적하더라도, 우리가 돌고래라고 인식하는 원자나 분자의 패턴은 수십 년 동안 안정적으로 존재하며, 그 구성 원자는 변하더라도 같은 모습을 유지하고 있는 것도 사실입니다. 이 패턴에 돌고래라는 이름을 붙인다면, 그런 의미에서 돌고래는 분명히 존재한다고 할 수 있습니다.

즉 '존재한다'는 말의 정의에 따라 귀에 걸면 귀걸이, 코에 걸면 코걸이가 되는 것입니다. 돌고래를 단순히 원자와 분자가 물리 법칙에 따라 움직이고 있을 뿐이니까 '존재하지 않는다'라고 말할 수도 있고, 수십 년 동안 안정된 패턴을 유지하고 있으니까 '존재한다'라고 말할 수도 있는 것입니다. 이는 모순이 아니라, '존재'라는 말의 정의가 달라서 생

돌고래는 존재할까?

기는 차이일 뿐입니다.

시간이 존재하느냐 하지 않느냐는 논쟁 역시 이와 유사합니다. 우리가 시간이라 부르는 것은 시곗바늘이나 공의 위치, 혹은 우리의 뇌 속에 있는 시냅스 접속 방식 등 전 세계의 배치가 상호 작용하고 있다는 사실을 정리해서 다시 쓴 것에 불과합니다. 고등학교에서 고급 수학을 배운 사람이라면, 매개 변수 표시라는 개념을 기억하는 분들도 있을 것입니다. 예를 들어 x와 y 사이의 관계를 나타내는 곡선에 t라는 새로운 변수를 도입해 x(t), y(t)라는 형태로 만들어서 x와 y를 모두 t의 함수로 표현하는 방법입니다. 시간은 바로 이 t와 같은 개념입니다. 즉 전 세계의 물체 배치에 대한 관계를 간단히 나타내기 위해 편의상 도입된 것에 불과합니다.

그러나 돌고래가 존재한다고 말해도 틀리지 않듯이, 시간도 이런 의미에서는 확실히 존재한다고 할 수 있습니다. 물리학자에게 존재한다는 말의 정의는 그리 중요하지 않습니다. 사실 '시간(돌고래)'이라는 개념을 도입하지 않아도 사물을 설명하는 것은 원리적으로 가능하지만, 그 개념을 도입하면 설명이 훨씬 간단해진다는 점에서, 우리는 이 개념들이 존재한다고 말하는 것입니다.

이처럼 사물의 본질을 근본적인 곳에서 다시 바라볼 수 있다는 점도 물리학의 매력 중 하나라고 생각합니다.

맺음말

이 책에서는 주로 근세 유럽에서 시작한 근현대 물리학 400년의 역사를 전체적으로 쭉 살펴봤는데, 어떠셨나요? 갈릴레오나 뉴턴의 시대에서 시작해, 20세기에 큰 변혁을 겪은 근대 물리학은 지금도 놀라운 속도로 발전하고 있습니다. 100년 후에 어떤 모습이 펼쳐질지 저조차도 상상이 잘 안되네요. 여러분도 이 책에서 다룬 물리학의 발전, 그리고 그와 관련된 인간 드라마의 낭만을 느끼셨다면, 저자로서 매우 기쁠 것 같습니다.

이 책의 일관된 테마는 '중력'입니다. 중력은 근현대 물리학에서 처음으로 정밀하게 정식화된 힘 중 하나입니다. 그렇지만 아인슈타인의 휘어진 시공간에 대한 이론을 통해 재정식화된 현재에도 중력은 여전히 이론적으로 완전한 이해를 거부하는 신비로운 현상이기도 합니다. 실제로 20세기에 확립된 현대 물리학의 세 가지 기둥인 '상대성 이론’, ‘양자론’, ‘통계역학’은 아직 완성되지 않은 ‘양자 중력 이론’의 발전을 위해 반드시 필요한 요소로서 받아들여지리라 기대를 모으고 있습니다.

이것은 단순한 소망이 아니라, 이스라엘의 물리학자 야코프 베켄슈타인, 영국의 물리학자 스티븐 호킹 등이 밝혀낸 블랙홀의 열역학적 성질을 연구하면서 명확해진 사실입니다. 이 분야는 근래에 뚜렷한 발전을 이뤘으며, 20년 전, 10년 전, 그리고 최근 10년 사이에도 시간이나 공간의 본질에 대한 이해가 크게 바뀌었습니다. 저 자신도 매일 그 진보에 발맞추어가며, 작은 힘이나마 기여할 수 있도록 큰 노력을 기울이고 있습니다.

근래의 눈부신 발전은 아쉽게도 이 책에서 다루지 못했지만, 기회가 된다면 일반 독자들을 위해 어딘가에 글을 써볼 계획입니다.

특별한 자리이니 간단히 맛보기만 해보자면, 예를 들어 우리가 시공간이라고 인식하는 것은 사실 어떤 양자역학적 실체가 양자적으로 얽혀 있는 상태에 불과하다는 것, 그 안에 존재하는 물질은 양자 컴퓨터에도 사용되는 메커니즘인 ‘양자 오류 정정’에 보호받는 양자 정보로 간주할 수 있다는 것, 또한 제4장에서 언급한 ‘양자 텔레포테이션’은 시공간이 떨어진 두 점을 잇는 ‘웜홀’과 수학적으로 등가 현상으로 간주할 수 있다는 것 등, 놀라운 사실들이 계속해서 밝혀지고 있습니다. 이러한 최신 발전을 이해하기 위해서라도, 이 책에서 다룬 물리학의 대략적이면서도 기본적인 지식은 도움이 되지 않을까 합니다.

이 책을 어떤 분들이 얼마나 읽을지는 모르겠지만, 만약 그동안 물리학을 접할 기회가 없었던 분들에게 조금이라도 즐거움이 전해졌다면, 제 역할은 다한 것 같습니다.

또한 이제 자연과학의 길로 나아가려는 젊은 분들도 이 책을 읽을 수 있겠네요. 제가 잘난 척하며 말할 위치는 아니지만, 무슨 일을 하더라도 중요한 것은 '열정'이라고 생각합니다. 이 책이 미래를 짊어질 젊은이들에게 조금이라도 좋은 자극이 된다면, 그 역시 더할 나위 없이 행복할 것 같습니다.

이 책은 '머리말'에서도 언급했듯이, 유튜브 채널 '리핵ReHacQ'에서 제가 이야기한 동영상들을 바탕으로 작성되었습니다. 동영상https:// youtu.be/jyAzpcjzxFU, https://youtu.be/hio2XdBPW5Y, https://youtu.be/DEG9OZoYzIU, https://youtu.be/4yiyaq0q6xQ을 작가인 야마다 구미 씨가 글로 옮겨주셨고, 제가 그걸 편집해서 완성한 책입니다. 야마다 씨에게는 원래 동영상에 없었던 상세한 물리학의 역사도 덧붙여달라고 부탁했고, 그 덕분에 아주 깊이 있는 책이 완성된 것 같습니다. 정말 감사합니다.

또한, 영상에 출연할 계기를 주신 'ReHacQ'의 프로듀서 다카하시 히로키 씨, 저를 다카하시 씨에게 소개해주신 나리타 유스케 씨에게도 깊은 감사 말씀드립니다. 특히 다카하시 씨는 이 책의 바탕이 된 영상뿐만 아니라, 제 연구를 소개하는 영상이나 여행 콘텐츠에도 출연할 기회를 주셔서, 말로 표현할 수 없을 만큼 감사드립니다. 'ReHacQ'에 처음 출연한 1년 전만 해도, 제가 일반 대중과 이렇게 접할 기회가 있을 것이라고는 상상도 하지 못했고, 그런 의미에서 다카하시 씨는 정말이지 저의 인생을 바꿔주신 분입니다. 그러니 앞으로 저에게 무슨 일이 생기면 책임지셔야 합니다(웃음).

마지막으로, 매거진 하우스 출판사의 오노데라 게이 씨에게는 이 책의 기획 단계부터 완성까지 많은 도움을 받았습니다. 마감 직전까지 움직이지 않는 저에게 초인적인 인내와 폭풍 같은 리마인더(농담입니다)로 책을 완성까지 이끌어주셨습니다.

많은 분들의 도움으로 완성된 이 책이 여러분에게 기쁨을 주길 바라며.

2024년 6월 길일

도쿄 모처에서 노무라 야스노리

문과생들도 알아야 할
최소한의 물리 공부

초판 1쇄 인쇄 2026년 4월 15일
초판 1쇄 발행 2026년 4월 20일

지은이 노무라 야스노리
옮긴이 김소영
감　수 이기진
펴낸이 조승식
펴낸곳 도서출판 북스힐
등록 1998년 7월 28일 제22-457호
주소 서울시 강북구 한천로 153길 17
전화 02-994-0071
홈페이지 www.bookshill.com
인스타그램 @bookshill_official
블로그 blog.naver.com/booksgogo
이메일 bookshill@bookshill.com

정가 15,000원
ISBN 979-11-5971-719-2